企业生产员工安全行为影响因素及监管研究

石 娟 著

天津市哲学社会科学规划重点项目（项目编号：TJSR 16-004）
国家自然科学基金项目（项目编号：71603181） 资助
天津市科学技术协会

科学出版社
北 京

内 容 简 介

本书从企业生产员工安全行为的概念及构成要素出发，深入分析了企业生产员工安全行为产生的影响因素、机理及企业生产员工与企业安全监管人员之间的行为博弈关系。本书理论与实践相结合，一方面深入分析了国内外学者对企业生产员工安全行为产生的影响因素、企业生产员工与企业安全监管人员的行为博弈等方面的理论研究；另一方面运用解释结构模型、误差修正模型、演化博弈模型及MATLAB仿真等科学的研究方法，得出了企业生产员工安全行为产生的内在机理及企业安全监管人员与企业生产员工之间的演化博弈过程，提出了切实有效地防控及监管企业生产员工安全行为的对策建议，为避免企业安全生产事故的发生提供了新思路、新途径。

本书具有一定的学术价值，可供从事人因工程、安全行为等方面研究的人员及负责企业安全生产管理的人员阅读与参考。

图书在版编目（CIP）数据

企业生产员工安全行为影响因素及监管研究 / 石娟著. —北京：科学出版社，2019.6

ISBN 978-7-03-061089-8

Ⅰ. ①企… Ⅱ. ①石… Ⅲ. ①企业安全－安全生产－安全管理－研究 Ⅳ. ①X931

中国版本图书馆 CIP 数据核字（2019）第 075427 号

责任编辑：徐 倩 / 责任校对：孙婷婷
责任印制：张 伟 / 封面设计：无极书装

科 学 出 版 社 出版
北京东黄城根北街 16 号
邮政编码：100717
http：//www.sciencep.com

北京虎彩文化传播有限公司 印刷
科学出版社发行 各地新华书店经销
*
2019 年 6 月第 一 版 开本：720 × 1000 B5
2019 年 6 月第一次印刷 印张：8 1/2
字数：166 000

定价：68.00 元

（如有印装质量问题，我社负责调换）

齐二石序

习近平总书记在十九大报告中曾提出："树立安全发展理念，弘扬生命至上、安全第一的思想，健全公共安全体系，完善安全生产责任制，坚决遏制重特大安全事故，提升防灾减灾救灾能力。"安全生产是企业长期发展的前提，是人民生命安全的基础，是社会稳定前进的保障。李克强总理在2019年1月9日国务院召开的全国安全生产电视电话会议上指出："安全生产工作是保障经济持续健康发展、人民安居乐业的大事。"搞好安全生产工作，要切实做好安全防护工作，从而才能建造一个安全稳定的社会环境。近年来，安全事故频发，企业安全生产问题成为困扰我国经济发展的重要问题，而多种统计资料表明企业生产员工不安全行为是导致事故发生的一个最重要原因。

天津理工大学石娟教授从事研究工作15年，在安全生产领域具有长期的研究经验，作者以前期的研究积累和实践经验为基础，从安全事故产生的根源——企业生产员工不安全行为入手，对企业安全生产问题展开了系统地研究，并对研究过程和研究成果进行整理，完成了本书的撰写。该书以减少企业安全生产事故发生为目标，从企业生产员工不安全行为的概念及构成要素入手，强调企业生产员工不安全行为影响因素之间的联动作用，从错综复杂的关系中揭示企业生产员工不安全行为产生路径；同时，该书从企业安全监管的管理者视角出发，运用演化博弈剖析企业中安全监管人员和生产员工博弈双方行为关系，从双方演化博弈稳定状态的变化中，确定企业安全生产的理想状态。作者指出，企业安全生产对降低企业的生产事故发生率及推动我国经济快速增长具有重要作用，是保证国家安全和社会稳定的重要前提，不论是从国家发展层面考虑还是自身安全方面考虑，都应该重视安全生产。书中不仅从企业生产员工个体层面提出了防控不安全生产行为的建议，同时从企业和政府的管理层面对企业安全生产管理研究提供了一个有益视角，同时扩展了企业生产员工安全行为监管理论的研究，该书对企业安全生产研究框架的形成与发展提供了参考，为今后进一步深入研究企业安全生产相关问题提供理论框架和指导，同时对减少安全生产事故及促进我国经济快速稳定发展具有一定的理论意义及现实意义。

在本书的研究过程中，作者注重理论层面的研究，带领研究团队完成了EI期刊检索英文论文6篇和CSSCI来源期刊、北大核心期刊检索中文论文5篇。特别是《Research on the Factors Affecting Safety Behavior Based on Interpretative

Structural Modeling》、《Research on Supervision Mechanism of Unsafe Behavior of Employees Based on Evolutionary Game Theory》等文章，运用了解释结构模型、演化博弈论等方法对企业员工不安全行为进行研究，从政府、企业、生产员工多个方面提出了针对性的建议，为有效减少企业安全生产事故、落实安全生产责任制提供了研究思路和理论补充。

此外，本书作者长期致力于安全生产领域的理论思考，以解决现实问题为前提，多次就企业安全生产问题的现状展开调研，以制造类企业为主，走访了多家企业并获得了大量的第一手调研资料。作者依托天津市哲学社会科学规划重点项目“制造类企业员工不安全行为的影响因素作用机理及管理对策研究”（TJSR16-004）和国家自然科学基金项目“基于情景模拟的大学生危机行为产生机理及防控策略研究”（71603181）两个课题取得的阶段性研究成果，进一步从理论层面对企业生产员工不安全行为作出了深入研究，具有重要的学术价值。

该书从企业实际安全生产的角度出发，对安全生产领域问题的研究提供了新的研究范式，拓展了研究思路，丰富了相关理论，为学者学习相关领域的研究方法、视角及理论提供了系统的知识体系，并基于研究成果分别从政府、企业和生产员工的角度提出了切实可行的解决对策，为企业安全生产的推动提供重要保障，对企业安全生产管理面临的实际问题提供具体措施，为改善生产员工不安全行为提供具体方案，有助于改善企业安全生产的管理现状。总的来说，该书不仅从理论层面弥补了以往学者对企业安全生产领域研究的不足，同时也从实践层面对企业安全生产起到了一定的指导作用，具有较强的实用性和推广价值。

*

2019 年 5 月 30 日于天津

* 齐二石老师，天津大学管理与经济学部教授、博士生导师，教育部高等学校管理科学与工程类学科专业教学指导委员会主任委员、科技部创新方法研究会理事暨管理技术分会理事长。

前　言

在安全事故频繁发生，造成严重的经济、人身安全损失的背景下，探究有效改善企业安全生产现状的措施至关重要。企业生产员工及企业安全监管人员是企业安全生产过程中的主要行为人，是导致企业安全事故的主要原因，也是防控企业安全事故发生的关键突破点，所以，从生产员工行为视角改善企业安全生产现状对有效减少企业安全事故具有重要的意义。本书从企业生产员工的安全行为影响因素及企业安全监管人员的监管行为视角出发，探究影响企业生产员工安全行为的主要影响因素，并提高企业安全监管人员监管效率的有效途径，通过防控企业安全生产过程行为人——企业生产员工、企业安全监管人员，来进一步防控企业生产员工的不安全生产行为，提高企业安全监管人员监管水平，改善企业安全生产水平。

近年来，企业安全事故频发，我国事故原因调查分析报告显示，多数重特大安全事故的发生是企业生产员工不安全行为直接导致的，相关调研数据整理及文献分析也得出，企业生产员工不安全生产行为导致的安全生产事故频繁发生，而企业安全监管部门监管不力又易造成企业生产员工产生不安全行为。由此，必须要管控事故的源头——行为人，才能从根本上预防并遏制安全生产事故的发生。针对这一现实，通过解释结构模型对影响企业生产员工安全行为的影响因素进行阶梯结构分析和实证分析，以及演化博弈模型对企业生产员工和企业安全监管人员的安全行为进行博弈分析及 MATLAB 仿真分析，从防控企业生产员工安全行为产生的影响因素及提高企业安全监管人员监管水平的视角改进企业安全生产现状，给出针对改善企业生产员工生产行为的对策、建议，从而提高企业安全生产系数，减少安全生产事故的发生。

本书共五章，第一章主要阐述企业生产员工安全行为研究产生背景和企业生产员工安全行为的相关概念及理论基础；第二章分析了企业生产员工安全行为影响因素、监管及不安全行为防控的研究进展；第三章探究了企业生产员工安全行为影响因素及其关系，并针对根源性因素对企业生产员工安全行为影响进行了实证分析；第四章构建了企业管理者与企业生产员工安全行为的演化博弈模型，并进行了 MATLAB 仿真分析；第五章提出了改善企业生产员工和企业安全监管人员安全生产行为的保障措施。

本书是专门针对企业安全生产管理中生产员工管理开展的研究，内容涵盖了企业生产员工安全行为影响因素的集合、影响因素类别的划分、影响因素之间的关系、企业生产员工安全行为影响因素的实现路径、企业安全监管人员的安全监管行为与企业生产员工的生产行为的演化博弈分析、MATLAB 仿真分析及相应的实证研究等，其新颖的研究视角、方法，系统的内容分析对相关研究人员及企业安全监管人员具有重要的参考价值，研究得出的相关结论及对策建议也具有一定的实践应用价值。

本书由石娟主持撰写，由许晓洁、刘彦缨、王倩等统稿并修订。各章编写分工如下：第一章由胡鹏基、许晓洁编写；第二章由彭晨旭编写；第三章由张九妹编写；第四章由袁令伟编写；第五章由姜伟爽编写。

希望本书的出版，能为生产员工安全行为研究提供理论依据及解决问题的研究范式，为提高企业安全生产水平提供对策建议参考，进一步改善企业安全生产现状，保障企业长期稳定发展。

本书的编写主要依托天津市哲学社会科学规划重点项目“制造类企业员工不安全行为的影响因素作用机理及管理对策研究”（项目编号：TJSR16-004），国家自然科学基金项目“基于情景模拟的大学生危机行为产生机理及防控策略研究”（项目编号：71603181），并得到相关调研企业的大力配合与支持，在此表示感谢。另外，本书的出版还要特别感谢科学出版社的大力支持。

由于水平有限，书中难免存在不足之处，敬请各位专家学者及广大读者批评指正，以便提高和改进。

石　娟

2019 年 1 月于天津

目　录

第一章 绪　论

在安全生产事故频繁发生，造成严重的经济、人身安全损失，存在巨大的生命安全隐患的时代背景下，企业安全生产是直接关系民生、经济、社会发展的关键问题，需要进一步加强重视，所以本章选取影响企业安全生产的直接行为人——企业生产员工及企业安全监管人员为研究对象，通过分析直接行为人在生产过程中的行为特点，探索防控企业生产员工不安全行为，改善企业安全生产、降低企业安全生产事故的实现路径。同时，界定了相关概念和理论范围，将其作为本书的理论基础。

第一节　企业生产员工安全行为的产生背景

企业的发展是我国经济增长、促进劳动市场发展、增加就业机会的重要力量，甚至关乎国家发展命运。例如，2012～2015 年，中小企业的发展总数从 6000 多万家增长到 7000 多万家，占我国企业总数绝大部分，创造的价值占总价值的一半以上，其中，中小企业商品进出口贸易创造的价值占全国商品进出口贸易总额的 75%。此外，我国中小企业创造了将近 4/5 的城镇就业岗位，极大地缓解了就业压力，对国家的税收做出了巨大贡献（Cooper and Philips，2012）。企业发展是支撑我国国民经济的重要力量，增加了就业机会，缓解了就业压力，是民生保障的根本，是全面建成小康社会的关键，是构建社会主义和谐社会的中坚力量。企业的快速发展对我国经济、民生、社会的发展具有举足轻重的作用。

企业的快速发展固然重要，但企业的持续稳定发展更为重要，我们必须清楚地认识企业在发展中存在的弊端——企业安全生产事故发生率逐渐升高。安全生产问题多年来一直困扰着我国经济的持续增长与发展，且与人民的生命安全、国民经济的增长、企业的生存发展及社会的和谐稳定密切相关。安全生产管理方面的工作历来受党中央和政府部门的高度重视，习近平总书记针对切实做好安全生产方面的工作给予了重要指示，要求企业高度重视安全生产监管工作，努力遏制重特大安全生产事故的发生。

由事故致因理论可知，事故可由物的不安全状态和人的不安全行为直接导致。国家安全生产监督管理总局统计数据显示，2012 年，全国共发生安全生产事故 426 511 起，造成 91 342 人死亡；2013 年，全国共发生安全生产事故 184 563 起，造成 35 216 人死亡，其中重大安全生产事故 34 起，共造成 352 人死亡；2014 年，全国共发生安全生产事故 542 366 起，造成 12 312 人死亡，其中在采矿、化工等危险性较高的行业发生重特大事故 86 起，造成 1525 人死亡。通过以上安全生产事故数据统计分析，2012～2014 年，我国安全生产事故发生数量、造成的死亡人数及巨大经济损失居高不下，尤其是重特大安全生产事故造成的危害日益明显（宋志国和王万桥，2016）。所以，企业安全生产事故是我国经济社会发展中不容忽视的问题，其伤亡事故发生数量占我国安全生产事故发生数量的一半以上，死亡人数占比达 72%左右，特大事故造成的死亡人数则更高。近年来，随着国家对企业安全生产管理工作的重视，我国的安全生产形势正趋于逐渐好转，据统计，2016 年全国发生的各类安全生产事故起数、死亡人数同比分别下降 7.9%和 2.8%，其中较大以上的事故和死亡人数同比分别下降 9.9%和 8%。但是全国安全生产事故情况数据显示，我国安全生产事故总量、伤亡人数及造成的经济损失仍然较高。

企业安全生产可以有效地减少企业安全生产事故发生，对降低企业安全生产事故发生率起到关键作用，目前，企业安全生产得到了国家和社会的普遍关注，企业安全生产是关系民生、社会稳定发展的重要保障，是我国全面建设小康社会、促进经济快速发展的重要内容，与企业生存、持续改进并壮大的基本要求达成一致，因此必须将企业安全生产放在涉及国家安全、社会稳定发展的重要地位上。尤其是随着我国可持续发展战略的实施，科学技术的不断进步及网络媒体的迅猛发展，人们对安全生产的重要性有了更深理解，出于国家发展战略和民生保障，应加大企业安全生产管理力度。

企业安全生产事故频发是生产技术落后、监管缺陷、员工素质低下等一系列问题造成的。目前，我国企业安全生产事故日渐增多，企业安全生产事故的发生严重制约了企业的稳定发展，企业监管员工安全生产及防控安全事故的发生，首先就要明确企业安全生产存在的问题及影响因素。我国的事故原因调查分析报告显示，行为人的不安全行为导致的人身伤、亡事故比重较大，约占事故发生总数的 85%（石英和孟玄喆，2014），多数重特大安全事故的发生由企业生产员工不安全行为直接导致（刘超，2010；Dov，2008），美国劳工部对发生过的伤亡事故进行统计分析发现，96%的事故是行为人的不安全行为造成的（韩志远，2012），由此可见企业生产员工的不安全行为与安全生产事故的因果关联度较高，因此，应该从事故的源头——行为人抓起，才能从根本上预防并遏制安全生产事故的发生。

此外，通过相关调研整理和相关文献研究也发现，企业生产员工不安全生产行为与企业安全生产事故有密切关联。企业安全生产事故日益增加，究其直接原因，一方面是企业生产员工的不安全行为；另一方面则是企业对安全生产的监管存在不足。企业生产员工对安全生产没有足够的认识，存在省时省力的侥幸心理，文化程度较低、安全素质差，不利于企业安全生产。企业对安全生产的认识不够，过分追求经济效益易忽视安全生产问题，不利于企业形成良好的安全生产文化氛围，对企业生产员工安全行为监管力度薄弱，制定的安全生产标准过低，不利于防控企业生产员工不安全行为。综上所述，造成企业安全生产事故的原因错综复杂，要想改善企业安全生产现状，应从企业生产员工安全行为出发，对影响企业生产员工安全行为的影响因素进行系统、深入分析（朱萌等，2016；Fera and Macchiaroch，2011）。

企业安全监管部门监管不力造成企业生产员工不安全行为频繁发生，是导致安全生产事故不断发生的一个重要原因（周建亮等，2010），对企业生产员工进行有效的安全行为监管，确保企业生产员工在安全状况下进行生产，以从根本上预防并遏制事故的发生，来保证企业的安全生产（吴玉华，2009）。在现实情况中，企业生产员工不安全行为导致的安全生产事故仍然难以得到有效的控制和及时的纠正，其中一个重要原因就是企业生产员工与企业安全监管人员之间有着不同程度的利益需求，相互间存在着复杂的博弈关系（田水承和赵雪萍，2013），企业生产员工是否自觉选择进行安全生产行为，企业安全监管人员是否认真执行监管工作，是什么因素影响了他们的行为策略选择，都需要进一步通过演化博弈来分析。故运用演化博弈理论，对企业安全生产监管过程中企业生产员工与企业安全监管人员之间的博弈过程进行研究，分析企业生产员工和企业安全监管人员行为成本等的变化对其策略选择的影响，并针对企业管理者制定合理有效监管措施而提出对策建议。

因此，本书从行为人的不安全行为出发，探究影响企业生产员工产生不安全行为的影响因素及企业安全监管人员与企业生产员工之间的行为博弈，并提出可操作性对策建议，其研究结果不仅能进一步有效改善企业安全生产环境，还能提高企业安全生产系数，降低安全生产事故发生概率，而且，其中涉及相关研究视角、研究方法，如统计学分析、解释结构模型及博弈论等，可为相关研究领域学者、管理者提供解决问题的范式。

第二节 相关概念界定

安全生产问题不仅会对企业生产员工个人的生命安全产生影响，还会对企业的发展造成严重的影响。企业的竞争力不仅限于成本、差异化、企业信息、目标集聚等方面，安全生产问题也逐渐成为企业核心发展的组成要素，安全生产问题受到企业及相关研究学者越来越多的重视，防控企业生产员工生产行为可有效改善安全生产问题。企业生产员工安全行为的研究目的是要保障人民的生命安全、促进经济的增长，以及促进企业的生存与发展及社会和谐稳定。本书不仅对企业生产员工本身所存在的安全行为问题进行研究，还基于演化博弈理论从企业生产员工和企业安全监管人员之间的相互影响关系进行研究，这两方面的研究视角，为企业生产员工安全生产相关问题提供了理论框架和有效指导。本节界定了相关概念及理论范围，作为本书的理论基础。

一、企业生产员工安全行为的概念

要确定本书中企业生产员工安全行为所包含的范围，首先需要明确企业生产行为的概念，其定义可以从三个不同角度来确定：一是指企业中的内部员工的行为，泛指企业中全部员工的行为，包括领导和企业中各种群体的行为，有关这类的研究比较丰富，属于多种行为学的内容，如个体行为学和群体行为学等；二是指企业的销售行为、经营管理行为及对企业进行监管控制的政府部门等一系列和企业有联系的行为；三是指企业作为社会单位的公共关系的行为及企业在其他条件的影响下产生的整体行为，还包括企业作为法人所产生的行为。目前，企业安全生产系统包含企业生产组织安全行为和企业生产员工安全行为这两种行为，这两种行为分别在不同人员、物流、信息流等之间的相互作用过程中产生。企业生产组织安全行为和企业生产员工安全行为这两者之间的关系既独立又相互联系，其中，企业生产员工安全行为是企业生产内部员工的行为，属于上面所述的第一种企业行为；企业生产组织安全行为既包括企业内部的管理行为，又包括企业对安全生产做决策时所发生的行为。本书主要研究企业生产员工安全行为和企业生产组织安全行为中的企业对企业生产员工的管理行为。

1. 企业生产组织安全行为

（1）企业组织行为一般特征

企业是根据一定的组织结构和角色作用组织起来的有机体。企业具有明显的组织结构和书面的规章制度，并按照一定程序运作。在商业运作过程中，所显示的企业行为就可以看作是组织行为。这种组织行为不仅与单个人的行为不同，而且与一般组织行为也不同。企业组织行为是管理者、管理层乃至所有员工通过研究、规划、决策、沟通和实施所展现的一系列过程，也是企业组织以共同目标为指导的过程。由此产生的行为具有自主性、整体性、注重后果性等特点。其中，自主性是指企业虽然不能思考，但是企业通过其决策机构和执行程序做出决定以符合经济和社会的要求，从而实现企业目标。事实上，虽然企业的高层管理人员或管理层有权就某一问题做出决定，但一旦根据法规的规定实施了某项行动或决定，则以企业名义执行。个人行为和集体行为只是一个企业组织行为的组成部分。企业组织非常重视对其行为决策可能产生的结果进行预估。这是一种自我认识，是企业超越个人的优势，也是企业组织权力的体现。

（2）企业生产组织安全行为的定义

国内外对安全行为的研究主要集中在企业生产员工不安全行为方面，主要是对企业生产员工不安全行为的机理及预防对策的研究。国内外对企业生产组织安全行为研究都比较少，国内有关学者将企业生产组织安全行为定义为企业组织中的各层领导人为保证能够安全生产而产生的一系列活动，这些活动不仅包括对企业生产员工进行安全生产等相关知识的宣传、教育和培训，安全生产安排、分配及检测，还包括工程机械设备、安全保卫设备、劳动保护所需物品的购置、使用、维护和保养等。也有学者认为企业生产组织安全行为是在安全组织生产行为中的决策、制度中产生的活动。在企业组织生产活动中能够及时地阻止企业生产员工不安全行为的产生并及时发现和阻止不安全状况，其中包括操作方法及相关的管理行为，具体体现在公司中的各项章程及标准，以及对生产过程所制定的作业方法、各种程序和实施的计划等。有关学者认为企业生产组织安全行为是根据安全目标在生产过程中做出的反应。

借鉴有关学者对企业生产组织安全行为的定义，本书中所研究的安全行为监管属于企业生产组织安全行为范畴，安全行为监管是指企业中安全监管部门的企业安全监管人员在日常生产操作过程中对企业生产员工进行监督管理，负责安全监察工作，能够及时对企业生产员工的不安全行为进行控制。企业日常生产过程中，企业生产员工为了达到某种不适当的目的，如为获取多余的利益或减少体力、时间花费等，甘愿“冒险”而忽略危险发生的可能性，在避免风险进行安全行为和获取利益之间做出错误选择，即选择不安全行为，而此时企业安全监管人员必须尽职尽责，做好安全监管工作，减少不安全行为导致的安全事故的发生。

2. 企业生产员工安全行为

目前，对安全行为的概念界定尚未明确。一般来讲，安全生产行为是指企业生产员工的安全生产行为（Shi and Peng，2018）。一些学者提出安全遵守行为是指企业生产员工按照操作规范要求生产，并具有识别生产过程的安全隐患、危险的能力，针对事故采取有效措施，避免自身和他人受到伤害的行为（陈雨峰等，2014）。还有学者认为企业生产员工不安全行为是指因为企业生产员工在生理、心理、社会和精神等方面存在很大的难控性，导致事故的发生。企业生产员工的不安全行为有别于人因失误（即由于人的行为结果超出了可以接受的范围，或者偏离了所设定的目标而产生了不良影响，这种行为被称为人因失误）。

有的教材上称，企业生产员工的不安全行为是指企业生产员工的一些危险性行为，并且这些危险性行为会产生不良后果，其中这些危险性行为是指不遵守劳动纪律、操作不按照规范动作、不按规定的方法完成作业等。所以，企业生产员工的不安全行为不仅包括那些在过去引起过事故的企业生产员工的行为，还包括在未来可能会引起事故的企业生产员工的行为。人因失误和企业生产员工的不安全行为尽管看起来相似，但是其内涵、实质是不相同的。人因失误与企业生产员工的不安全行为是一对很容易混淆的概念，但是从两者的基本含义来看，两者是不等同的，从导致事故的原理和后果来看，两者也是不等同的。但是，也有学者对企业生产员工的行为进行多年及大量的分析和研究后发现，生产过程中的人因失误和企业生产员工不安全行为的概念是一样的，也就是说这两者所指的概念是相同的。

关于企业生产员工的不安全行为定性理论的研究最早开始于国外资本主义工厂，最初针对企业生产员工的不安全行为的研究对象主要包括工厂里的生产员工、操作工。1919 年，英国的格林伍德（M. Greenwood）和伍兹（H. H. Woods）运用泊松分布、非均等分布和偏倚分布等方法，统计分析并检验了众多工厂里的伤亡事故的发生次数、发生人群等，其研究发现，工厂中更容易发生事故的是工人中的某些特定人群。随后不安全行为的研究扩散至各个行业领域，它的定义范围也越来越广。

根据目的和用途，使用不同的方法对企业生产员工不安全行为进行分类。例如，在我国的分类标准中将企业生产员工的不安全行为详细地分成 13 类，而在美国的一些企业中将企业生产员工的不安全行为分为五类。有的学者认为企业生产员工的不安全行为可以分为有意的和无意的，即有意的不安全行为和无意的不安全行为。有意的不安全行为是指冒险行为，这些行为具体包括酒后上岗、提前离岗、在岗期间不遵守劳动规程等，主要是指故意的违章行为和明知故犯的行为。无意的不安全行为是指企业生产员工的无意识而造成的安全事故和可能造成的安全事故的行为，这种行为的表现形式主要有四种：第一种，企业生产员工对信息的感知及处理不及时或信息传达错误而导致安全事故的发生，如工作中出现的异常情况没有及时被发现；第二种，企业生产员工的视力、听力较差及色盲等相关生理机能存在缺陷；第三种，疲劳作业而造成的意识低下，不能顺利完成工作；第四种，没有经历岗前培训及从业时间短、工作经验不足、工作技能与知识的欠缺等而造成的反应失误和判断失误。

企业生产员工直接或间接导致安全生产事故发生的行为统称为企业生产员工不安全行为。直接导致事故发生的行为有企业生产员工的不遵守安全操作规程，违规操作；间接导致事故发生的行为有管理者没有尽自己职责，不认真履行安全监察的任务。相反，企业生产员工的安全行为是指企业生产员工在生产过程中执行安全操作规范，遵守安全生产规章制度和操作流程，并对于与提升安全生产水平有关的各项活动积极参与的行为，即企业生产员工直接或间接地避免和遏制安全事故发生的行为都是企业生产员工安全行为（陈雨峰等，2014）。本书所研究的是企业生产员工安全行为及企业安全监管人员对企业生产员工安全行为的监管。因此，本书中对企业生产员工安全行为的定义为：在生产过程中，企业生产员工遵守各项安全生产操作规程，积极参与提升安全生产水平的各项活动的行为，或企业生产员工通过直接或间接的方式避免不安全事故发生的行为（陈雨峰等，2014）。本书中对不安全行为的定义为：在生产过程中，企业生产员工违章操作、不参与安全水平提升活动的行为。本书所研究的不安全行为具体是指企业生产员工在生产操作过程中不遵守劳动纪律和安全生产操作规范、违规操作，发生具有危险性、危害性的行为，以及进行有目的、明知故犯的违章行为，和其他一切不利于企业安全生产水平提升的行为。

二、企业生产员工安全行为的维度

1. 企业安全行为监管的维度

行为安全管理是针对企业生产员工的不安全行为而进行的观察、分析等管理活动，通过干扰或者介入等手段促使其认识到不安全行为的危害，从而遏止并消除不安全行为。企业安全行为监管是企业管理人员根据安全生产过程而产生的一系列行为，是一种企业的行为，反映了企业管理人员的管理权利和安排工作及做出决策的权利。

通过查阅文献，发现国外学者没有对企业安全行为监管维度进行研究的文献，但国外文献中有对企业安全行为监管中安全氛围维度的研究。国外学者将企业安全氛围划分为四种维度，分别是企业管理人员和企业生产员工的沟通及其管理务实、管理者价值观、对企业生产员工的健康管理。国内学者有对企业安全投入维度的研究，分别从狭义和广义两个方向对企业安全投入进行分类，分类的方式也都各不相同，分别根据安全投入的功能、性质、软硬件等对其进行分类。

根据国外文献中对安全氛围维度的研究及国内学者对安全投入维度从狭义和广义两个方向的研究，结合事故是由行为人的不安全生产行为和其他物品的不安全状态及管理不全面所造成的。本书中将企业安全行为监管分为三个维度，分别为安全管理行为、企业安全监管人员价值观及安全预防行为。

第一个维度：安全管理行为，主要是指安全生产的企业安全监管人员对企业安全生产过程的管理行为，主要为了改善企业生产员工在安全生产过程中存在的缺陷及存在的不安全行为，包括对企业生产员工的工作进行分配，制定安全管理制度及监督企业生产员工是否按照制度执行工作，使企业生产员工明确安全目标并为之努力。监管人员应经常和企业生产员工进行交流，检查其安全程度并进行安全总结。

第二个维度：企业安全监管人员价值观，主要是指企业安全监管人员要有与安全生产行为活动相关的价值观，这样才能指导企业生产员工。企业安全监管人员要学会主动学习进步，学习新的理论知识，提供安全教育知识培训并要求企业生产员工定期参加安全教育培训，对企业生产员工开展指导活动，在遇到紧急或特殊情况时及时做出应对反应。

第三个维度：安全预防行为，主要是指对安全生产过程中存在的危险源及企业生产员工的危险行为进行监控。根据安全防护措施及保护设备的安全协议规定，企业应定期检查和维护生产所需的设备。

2. 企业生产员工安全行为的维度

企业生产员工安全行为由两个维度构成，即安全遵守行为及安全参与行为。安全遵守行为属于企业生产员工的被动行为，企业生产员工必须执行的行为，以保障安全生产过程，如遵守安全生产操作规程、佩戴安全防护工具等。安全参与行为属于企业生产员工的主动行为，安全参与行为有助于企业形成良好的安全生产文化氛围，对安全生产管理意义重大，如参加应急演练活动、安全宣传讲座等可增强企业生产员工安全参与行为（陈雨峰等，2014）。遵循国际普遍认同的安全行为分类标准，本书将企业生产员工安全行为分为安全遵守行为和安全参与行为。

三、安全事故的概念

事故从不同的角度去研究，可以得到不同的有关事故的定义。从系统动力学角度出发，事故是系统中的一系列事件中某个要素的变动，而致使产生不好的影响和结果，所以事故被看作是由于要素的扰动而产生有害影响的过程。在职业安全管理评价体系中，事故被定义为不期望发生的事件，这些事件包括人员受到伤害、导致人员死亡、员工产生职业病、企业财产损失、时间损失、产生浪费等。大多数国内外学者对事故叙述为，事故是发生在生产和各种活动中的意外事件，这些意外事件与人们的想法和期望是完全相反的，这些意外事件会导致生产及各种活动的进程受到阻碍或者受到难以摆脱的干扰。事故在导致生产及各种活动的进程受到阻碍或者受到难以摆脱的干扰的过程中，可能也会对人体和物质产生不好的影响，使人体受到伤害和物体被损坏。

企业生产过程主要包括企业生产员工、机器、物料、设备和工具等要素，企业生产员工根据工作计划、作业标准、作业步骤、动作规范章程进行生产，在监管人员及组织管理手段下，企业生产员工完成生产过程及其职位的工作内容。在企业生产过程中发生生产及各种活动的进程受到阻碍或者受到难以摆脱的干扰的事件有很多类型，造成发生这些意外事件发生的根本原因有许多，如组织与管理手段不全面、企业生产员工的不安全生产行为、其他非生产过程企业与组织管理原因、自然灾害等多种危险因素。

查阅文献可以得知，企业事故是企业在生产过程中存在多种危险因素的原因，它会对员工造成各种损伤与伤害，其中造成的伤害有企业生产员工在生产过程中受伤、触电、中毒等。本书中安全生产事故是指在企业正常生产过程中，企业的管理及企业生产员工不安全行为引发生产过程中的因素产生变动，造成企业生产员工工作和活动产生错误，进而导致生产过程中发生意外事件。

安全生产事故具有三方面的特点：第一方面，安全生产事故具有因果性，因果性就是任何安全生产事故的发生都是由企业生产过程中存在企业生产员工不安全行为、企业生产员工失误、监管问题、环境问题、物的不安全状态等危险因素造成的。这些危险因素的其中一个或者多个在同一时间内相互作用都有可能导致发生安全生产事故。在企业的安全生产过程中出现的危险因素可能是后一个阶段的原因，也可能是前一个阶段的后果，后一阶段的后果加上其他原因及危险因素造成新的阶段的后果，也就是说这些危险因素具有一定的继承性。第二方面，安全生产事故的发生具有随机性，也就是说安全生产事故发生的原因、时间、地点、发生后造成的后果等都具有随机性，如企业生产员工不安全行为、企业生产员工失误、监管问题、环境问题、物的不安全状态等危险因素的发生都具有随机性。第三方面，安全生产事故具有潜伏性、突发性、可预防性。其中，潜伏性是指安全生产事故还没有发生，但是存在一定的隐患，可能会突然发生安全生产事故；突发性是指安全生产事故瞬间就爆发和完成，很容易进入一个难以控制的状态，对于这类安全事故管理者应该提前实施控制；可预防性是指安全生产事故的发生大都是人为原因造成的，因为企业的生产过程是一个人为系统，所以企业的管理者可以根据生产过程和企业生产员工的生产活动及生产活动中的各种行为对安全生产事故进行预防。

第三节 相关理论概述

一、人机工程学的事故致因理论

科学技术不断进步，人们的生产生活方式也发生了翻天覆地的变化，企业安全生产事故发生所遵循的一般规律也发生了深刻的变化，人们对安全生产事故产生机理也进行了更加深入的研究。根据事故致因理论对大量典型事故形成原因进行挖掘，找出事故发生的本质原因，从而凝练出安全事故产生的机理（秦应斌，2008），并基于此，进一步探究事故发生的内在的、一般性规律，用以指导安全事故预警工作的开展，提供安全事故防控策略，以便防控企业安全事故再次发生（秦应斌，2008）。目前，常见的事故致因理论包括事故频发倾向理论、因果连锁理论、能量意外释放论和现代系统安全理论等。

随着科学理论的发展，一些学者将人机工程学理论与事故致因理论相结合，提出人机工程学的事故致因理论，并认为安全事故是由机器、人和环境共同作用导致的（戴昌桥，2009；秦应斌，2008），如图 1.1 所示。该理论认为，一项工作任务的完成，人和机器应充分发挥各自的作用，并相互协调、配合。一般情况下，安全生产事故可能发生在企业生产员工操纵机器过程中，其不安全行为导致机器处于不安全工作状态，或机器的不安全工作状态导致了不安全行为的发生。数据统计表明，人的不安全行为是造成安全生产事故发生的重要原因。为了消除和避免安全生产事故的发生，企业应从生产过程中的主要行为人的行为管控入手，确定最关键因素，运用人机工程学理论，消除生产过程中的不安全因素，尤其是企业生产员工不安全行为导致的因素。这就需要企业加大安全生产投入，定期维护设备机器消除安全隐患，就如何正确操作机器设备加强企业生产员工的安全培训，创造安全的人-机-环境系统。

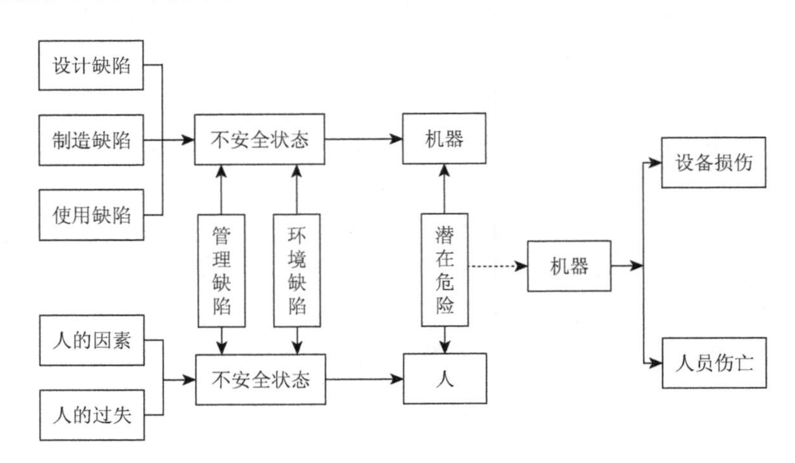

图 1.1　人机工程学事故因果关系图

二、行为动机理论

动机是个体从事某项活动的心理活动和内部动力，体现了个体意愿、信念等。

在组织行为学中，动机通常是指通过鼓励的方式使某种行为被激发的过程，从而获得从事活动的原动力，并朝着预期目标不断努力。常见的行为动机理论有人本主义心理学家亚伯拉罕·马斯洛的需求层次理论（hierarchy theory of needs）、美国心理学家霍尔（C. Hull）的驱动力减降论、韦纳（Weener）的归因理论等。其中，马斯洛提出的需求层次理论广为人知，并被绝大多数学者运用。需求层次理论属于行为科学的理论范畴，该理论将人类需求划分为五个层次，从低级到高级分别为生理、安全、社交、尊重和自我实现，并认为生理需求为基本需求，人的较高层次的需求往往依赖于最低层次的需求是否得到满足。

动机和需求两者之间有着相当紧密的联系，但是两者还有着一定的区别。其中，两者之间的紧密联系是指两者都是由于本身对某种东西的向往与缺乏而产生的反应，两者之间的区别是指自身对某种东西的向往的目标不一样，动机必然和某种特定的目标相联系，而需求不一定和目标有联系。动机的产生要以需求作为驱动力来产生，动机还需要其他事物的刺激推动来产生。在外界环境及产生条件一样的情况下，动机产生的根本性原因是需求。动机具有引发作用、指引方向的作用和激励作用。其中，引发作用是指动机可以使个体产生各种各样的活动，对个体的活动起着推动作用；指引方向的作用是指个体可以朝着预定方向和计划的目标发展与前进；激励作用是指动机可以加强和促进活动的发生，不同程度的动机的激励作用是不同的，越是比较高尚和较强的动机对活动的刺激作用越是强大。

安全行为的动机来源于对安全的需求和外部环境，其是两者共同作用的结果。而制造企业中车间生产工人、操作工等企业生产员工平均学历普遍偏低，文化素质较低，缺乏安全意识和安全知识，工作目标单一，他们工作是为了完成任务量，或是为了谋生，降低了对职业安全健康的需求，从而容易导致不安全行为的发生，或是在生产过程中为减少体力和时间花费而片面追求产量，尽快完成任务以获得额外收益，甘愿“冒险”忽略危险发生的可能性，在避免风险进行安全行为和获取更多利益之间做出错误的选择——选择不安全行为。

发展规模小、资金少的企业在发展过程中，可能不可避免地会遇到一些诸如资金缺乏、融资困难等资金问题。按照需求层次理论，企业发展首先要具备生存下去的条件，而企业安全文化发展和安全声誉发展属于企业扩大发展范畴，需要更多的投入。我国私有制企业大多数成立时间较短，面临残酷的市场竞争，还有被淘汰的可能，生产经营现状使它们往往忽视了安全生产的重要性，这就使安全生产事故频发、违规操作严重、职业病危害严重等现象在我国不少企业中普遍出现。

安全生产的动机来自对安全的需求和外部环境的共同作用，但现实中由于企业中的大多数生产员工来自农村，受教育水平较低，缺乏安全知识，对他们来说工作主要是为了谋生，并不足够重视职业安全健康。因而这些企业生产员工在工作时，降低了对职业安全的需求，往往容易产生不安全行为。尤其是位于我国偏远地区的企业，政府监管力度薄弱，对待安全生产问题得过且过，更易产生大量安全生产隐患，威胁企业安全生产。

三、行为安全管理理论

行为安全管理理论研究重点就是不安全行为。在企业生产过程中，企业生产员工之间发展起来的人际关系对企业生产员工积极性具有重要影响，且人的行为具有一定的传播性，不安全行为可在企业生产员工的人际关系网络中进行传播、复制，所以基于企业生产员工安全行为研究是企业安全生产管理的关键问题之一。行为安全管理理论基于工业生产过程中人的可靠性进行分析，认为企业在生产过程中安全生产事故发生的主要原因是人的不安全行为。对美国杜邦公司安全生产事故产生原因的研究发现，多达95%的安全生产事故是由人的不安全行为导致的。相关研究也表明，一次安全事故涉及企业生产员工上百次的不安全行为。企业对企业生产员工不安全行为重视程度不高，企业生产员工在生产过程中，并未察觉自身不安全行为，也不明确自身不安全行为可能造成严重后果，日积月累，企业生产员工的不安全行为对生产设备、生产环境造成不良影响，最终导致安全生产事故发生。因此，应控制和避免企业生产过程中的不安全行为。

行为安全管理是对企业生产员工不安全行为进行收集、识别，并与发生不安全行为的生产员工沟通，说明其中存在的安全隐患，使其充分认识到不安全生产行为的危害，从而将不安全生产行为转化为安全生产行为（郝英斌，2013）。企业生产员工的不安全行为是行为安全管理的主要问题，其关键是不安全行为现场观察、分析与沟通，然后对不安全行为进行干扰，进而防控企业生产员工的不安全行为的发生。行为安全管理主要是对企业生产员工的不安全行为进行研究分析，通过干扰或者介入的手段方式促使其认识到不安全行为的危害，从而遏止并消除不安全行为（郝英斌，2013）。制造类企业安全监管人员在对企业生产员工行为监管过程中，也需要认真履行其监管职能，做到有效控制和避免企业生产员工不安全行为的发生，从而有效减少由企业生产员工不安全行为导致的安全事故的发生。

四、激励理论

行为科学理论认为，人将某种需求设定为目标，为使需求得到满足就会努力追求，成为该行为的动机（Xu and Shi，2017）。所谓激励就是通过某种方式激发人的行为，产生前进的动力，使其需求得到满足。激励主要作用于人的心理活动，激发并强化人的行为动机，并具有以下几点特征：第一，确定被激励对象，一般而言，该对象有某种需求，并且满足该需求具有强大的行为动机；第二，确定激励目的，制定科学合理的薪酬管理制度，在满足员工需求的同时，实现企业及企业生产员工的生产目标；第三，个体被激励的行为动机强弱存在差别，激励作用效果属于个体内在变量，因人而异；第四，采取激励措施后的积极性无法测量，可以通过个体行为表现判断激励效果，激励效果分为正向激励和负向激励，负向激励又称为约束（秦应斌，2008）。

约束与激励是两种相对的管理方式，激励对个体内在产生作用，激发其产生积极行为，约束则注重个体外在行为的控制，防止其产生消极行为，两种管理方式通常同时出现。约束是指针对被管理者采取的行为控制，遵循一定的规则、目标，使被管理者在一定的约束力下进行相关行为，进而成为被管理者行为的推动力。约束有以下几种作用方式：第一，规范式约束，是指管理者需制定一系列行为规范，并按照行为规范对被管理者进行行为管理；第二，惩罚式约束，实施惩罚制度，对被管理者违规行为进行强制纠正，如处罚罚金、进行批评教育等；第三，预防式约束，通过设置风险管理，对被管理者增加行为压力，迫使其采取正确的行为。

企业生产员工在生产过程中采取不安全行为有一定的内在和外在的驱动力，包括逞能、省时省力等动机。因而我们需要采取有效的激励机制和约束机制、实施合理的奖惩策略来减少企业生产员工产生不安全行为，有针对地引导企业生产员工从内心意识到安全生产不是表面功夫，而是极其重要且必须要落到实处的大事。

五、不安全行为理论

在安全生产的研究领域中，研究企业生产员工的不安全行为主要从行为学原理、认知学原理、心理学原理等方向进行研究。事故致因理论、马斯洛的需求层次理论、双因素理论等都属于安全行为的基本理论的内容。运用安全生产事故原理进行分析，得到安全生产事故的发生主要是由于人的不安全行为和物的不安全状态，而企业生产员工的安全知识不足和安全意识欠缺及安全习惯欠缺是直接导致人的不安全行为与物的不安全状态的因素。从安全生产事故发生的路径来分析，企业中的系统越来越复杂，生产过程变得越来越复杂，生产技术越来越发达和不透明，由此而产生的危险也越来越多。由组织事故的病理性模型可知，企业发生安全生产事故的原因具有多重性，只有当多种因素同时发生时，才会导致发生安全生产事故。管理决策和组织过程影响车间的违章与不安全行为产生的条件，从而导致个体产生不安全行为和违章行为及组织潜在防御系统的失效，引发安全生产事故。

安全生产事故的发生并不是以往所说的是由单因素造成的，而是一种多因素模型，技术问题、不安全行为、管理水平失效等都是安全生产事故发生的必要条件，企业生产员工心理先兆和现场内在缺陷等都是安全生产事故发生的条件。企业生产员工的不安全行为是受心理、他人、组织和环境相互影响而表现出的外部活动。由此得出人的行为模式就是个体受到刺激产生反应，产生的反应反馈到个体。在实际生活与工作中，个体受到刺激经过复杂的信息处理过程后，才会做出反应，不安全行为会在个体中复杂的信息处理过程中产生。由此得出个体的行为机理就是从刺激信息到信息感知，然后进行信息处理输出行为使外界发生变化。其中，信息感知、信息处理、行为输出受到外界条件、个体生理及心理等方面的影响。个体不安全行为的产生机理包括：感知外部环境失误、做出失误的决策等方面。由此得出在企业生产过程中企业生产员工的不安全行为产生的过程，暴露于危险环境中、危险感知、危险识别、避险决策、避险能力等都会使企业生产员工产生不安全行为。其中，危险感知是指企业生产员工的感觉技能、知觉技能、警惕状态；危险识别是指个人经验、所受培训、心智能力、记忆能力；避险决策会受到经验、培训、态度、动机、受险趋向、个人特性等的影响；避险能力会受到企业生产员工的生理特性、身体素质、精神技能、生理过程的影响。

第二章　企业生产员工安全行为研究进展

第一节　企业生产员工安全行为影响因素研究进展

一、影响因素分析的研究进展

查阅相关文献可知，影响企业生产员工安全行为的因素有很多，其中有一些研究者认为环境因素是影响企业生产员工安全行为的主要因素：刘素霞（2012）认为我国企业面临的安全生产问题与企业的安全生产环境有关，企业的安全生产环境和企业内部环境及外界的多种环境因素都有关系，这些环境因素包括政治环境、经济环境和社会环境等。黄晖（2012）通过对一些企业进行研究，这些企业涉及的领域有煤矿、石油化工、建筑施工等，发现不同领域发生事故的类型和可能性不一样，煤矿和建筑施工发生的事故较多，化工业会对员工产生不轻的职业病伤害，一些不发达的地方发生的安全事故较多。不同企业所发生的安全事故是不一样的，由此可以得到不同行业所存在的安全问题是不一样的，进而导致安全事故发生的原因也有很大的区别。Papadopoulos 等（2010）对发生安全事故的影响因素进行了研究，其中工作环境对员工发生安全事故的联系很大，通过影响员工的安全意识来影响员工的行为，员工在不同的环境下有不同的安全意识，舒适的工作环境可以有效提高员工的工作认真程度，从而加强员工的安全意识，同时，员工的安全意识对于发生安全事故又有直接影响，从而总结出工作环境对发生安全事故具有重要的影响。Santos 等（2013）在建立安全质量管理体系时指出良好的企业安全管理环境、安全管理目标及安全管理制度对减少工伤和职业病具有显著效果，进而能够减少安全事故的发生，同时其还认为良好的安全环境有助于促进企业生产员工交流、提高员工安全防范意识和提升企业形象。Kines 等（2013）通对安全管理对企业安全生产干预进行研究，认为改善企业生产环境对于优化企业安全管理系统有着巨大的影响，生产环境对企业生产员工的情绪、注意力、动作迟缓、浮躁等都会产生一定的影响，良好的生产环境有助于减少安全事故的发生，也有助于企业形成良好的安全文化氛围。

还有一些学者通过研究安全投入和企业生产员工的安全意识来确定企业生产员工如何产生安全行为，并认为这两者是主要影响企业安全生产的因素。孙胜男

（2010）从不同的方面对企业进行分析，这些方面分别包括经济、社会和文化等，其主要分析企业的生产现状，发现影响员工安全生产行为的因素主要包括企业规章制度不完善、监管人员缺乏安全意识等。陈伶浪（2005）认为，当前企业安全生产事故总数发生较多和高死亡率的主要原因有：企业对职业病危害的防控措施不健全，对安全生产工作的重视度不够高，生产过程中安全投入较小，员工文化素质不高，安全质量不高，对自我保护的重要性不了解。龚甫等（2014）认为，企业生产安全问题涉及企业自身原因和外部原因，包括自身思想价值程度不够，企业责任实施主体未达到指定的岗位要求，安全生产投入不足，人员素质不高，奖惩机制缺乏等。田水承等（2011）认为认知水平的提高会对企业安全生产起到积极作用，可以有效减少不安全行为的发生，另外，安全行为和员工的气质也有很大的联系，并得出不同气质的人员会产生不同程度的安全行为的结论。Larsson 等（2008）对企业员工心理因素进行了研究，以人为事故发生的基本规律为出发点，得到表态始发、动态续发、外侵导发等产生异常行为的内因，其中研究表态始发主要是指安全技术素质差，表现出缺乏安全思想和安全知识、技术水平低等特征，其认为心理因素是通过安全知识和安全动机对安全行为产生影响的。Cagno 等（2011）指出，影响企业安全生产的主要因素是员工的自我保护意识比较淡薄，其提出职业安全卫生管理应重视对企业生产员工自我保护意识的培养与管理。Liu 和 Neilson（2006）在研究企业的安全事故时，发现员工的安全风险意识和员工的安全行为有很大的联系，安全意识较差的人更容易导致安全事故的发生。

另外，有一部分学者认为影响企业生产员工发生安全生产事故的主要因素是企业安全生产管理存在缺陷。刘素霞等（2014）通过研究企业安全生产绩效，发现员工的安全行为对企业安全生产有很大影响，并且指出了企业发生安全事故的影响因素是：企业管理不健全、缺乏安全培训、企业中没有安全防范措施和企业中的安全控制力度不够。李雯等（2014）通过研究企业安全生产管理中存在的缺陷，发现由于员工的职业病危害造成的安全事故频繁发生，并指出生产管理制度不健全、监管人员缺乏安全生产意识、员工生产意识薄弱、企业缺乏对员工有效的培训、安全设备及技术比较落后等是影响事故发生的主要因素。梁利敏等（2012）通过研究发现安全管理制度松散、员工缺乏安全意识、监管人员管理不到位、职工疲劳作业、职工技术水平低、职工安全技术差、职工缺乏安全思想和知识等是安全生产过程中存在的一些问题。李焕军和李军云（2012）指出影响企业安全生产的主要因素包括安全生产管理懈怠、安全费用投入不足、企业内部安全培训落实不到位、企业内部缺乏安全生产管理人员，监管人员缺乏对安全工作的认知、缺乏对安全重要性的认识。梁振东（2012）分析了影响工人不安全行为的组织环境因素，通过对不同企业的生产安全现状进行调查，并分析不同企业中的组织环境的条件，得出违章惩罚和较大的工作压力是导致不安全行为发生的主要原因的结论。邹晓波和毕默（2012）通过对某地建筑行业中工人安全行为的系统分析，发现影响工人安全行为的因素包含周围工人的行为对其产生的影响，一个行为安全的工人，如果其身边具有不安全行为，则此工人容易受到其周围工人的影响，而就此产生不安全行为，工友的不安全行为也容易影响工人产生不安全行为。马小平和金珠（2009）通过运用蚁群聚类算法对企业安全生产行为进行仿真分析，研究发现安全管理人员素质、安全制度建设、安全培训、安全防范措施和企业安全控制力度等组织管理因素是人因事故的关键因素。曹庆仁等（2011）分析了企业生产员工安全行为系统的外部影响因素，其中涉及生产任务的安排、奖惩机制、安全教育与培训及工作环境和文化氛围，其指出外部原因由感官刺激影响内部原因，从而进一步对企业生产员工行为选择进行干预。

外国学者认为企业安全生产的主要因素是管理者发挥作用：在生产过程中管理者的安全意识很重要。Vinodkumar 和 Bhasi（2010）研究了企业安全生产实践和安全生产的行为关系，认为安全知识和动机的内部因素是个体安全行为选择，通过对企业管理人员的调查，发现管理者的不同做法，会使企业生产员工表现出不同的心理特征，进而影响企业生产员工产生不安全行为，导致安全事故的发生。Kath 等（2010）认为管理者的态度和有效的安全沟通能促进企业生产员工之间的信任，企业生产员工和管理人员之间的紧密联系和互相交流，可以使企业生产员工之间存在的安全问题及其他和安全事故相关的问题得到有效的交流与开放式的沟通，从而提高企业生产员工选择安全行为的概率。Uen 等（2009）通过研究心理因素对企业生产员工不安全生产的影响，发现管理者对企业生产员工的尊重及企业生产员工本身的性格特点、早期的生活和工作经历都会对企业生产员工的不安全行为产生影响。Hayibor 等（2011）通过研究企业生产员工安全行为，发现社会心理因素对企业生产员工产生不安全生产行为存在着很大的影响，其中社会心理因素所包含的社会规范和压力、社会习俗、风险知觉等都会对企业生产员工的不安全生产行为产生影响。Reason（1990）通过研究发现在企业生产中，企业生产员工的行为动机对不安全生产影响很大。不安全行为不能被孤立地看待，因为个体的行为具有非常严重的复杂性，所以在研究企业生产员工不安全生产行为的时候，应该注意到企业生产员工的不同行为之间存在的联系，综合企业生产员工不安全生产行为现象背后的各种因素进行深入的研究，其中包括组织因素、社会因素、环境因素及心理因素等。

通过以上讨论，可以清楚地得出，国内外对安全行为的影响因素的研究主要集中在事故倾向性、心理、组织、环境、安全文化、安全领导、社会等方面，大多数研究都着重对一个或几个因素进行研究，很少有研究者将多方面因素系统地结合起来进行各种因素之间相互作用关系的分析，由于各种因素之间并不是相互矛盾的，所以本书对企业生产员工安全行为的影响因素进行了深入分析，在其他学者研究的基础上，探讨了各影响因素之间的相互关系。初步确定了企业生产员工安全行为的影响因素，将企业生产员工安全行为的影响因素分为社会因素、内部因素和个人因素。其中，社会因素主要包括政府监管不到位，法律法规不健全等；内部因素主要包括监管者的经验不足、监管者对企业生产员工不尊重、不完善的基础设施、领导重视不够、安全投入不足、薄弱的安全文化、不适当的奖励和惩罚机制、安全管理的不足、安全培训松散、缺乏专业安全管理员、过分追求经济利益；个人因素主要包括企业生产员工素质低、企业生产员工的安全意识薄弱、人格缺陷、安全性要求不高、较大的工作压力和疲劳的工作。

二、影响因素分析方法的研究进展

在国内，很多学者进行了影响因素研究，其使用的方法主要包括主成分分析法及因子分析法，还有部分学者使用结构方程模型的方法。也有国内外学者认为，可以通过检测企业生产员工的事故倾向性，使用心理测量的方法和原理进行检测，并且确定影响企业生产员工发生安全生产事故的固定的变量，使这些变量存在良好的信度和效度，进而确定影响企业生产员工不安全行为的特点。Wu 等（2008）运用探索性因子分析法，对企业生产员工不安全行为影响因素进行分析，发现存在 16 个因素影响企业生产员工发生不安全行为，并通过 Logistic 模型回归分析方法消除影响因素的交叉作用，最终得到影响企业生产员工不安全行为的因素有六个，分别是企业安全规章、生产工作环境、提出安全建议是否有奖励、企业生产员工对企业安全生产过程是否了解、企业是否对事故进行调查、企业是否调查生产过程中的有害因素。程聪等（2014）通过探索性因子分析和层次分析法（analytic hierarchy process，AHP）的结合，对影响因素进行了归纳和分析，并通过两种方法对影响因素进行了验证。吴岩（2013）通过运用主成分分析法研究了影响企业创新的因素。李红霞等（2014）通过问卷调查分析，并使用结构方程模型的方法，发现模范型领导行为对企业生产员工行为有很大影响。刘新霞等（2013）通过研究企业生产员工安全生产态度对安全生产行为的影响，发现生产环境中的安全氛围对企业生产员工的安全生产态度有一定的影响，其中采用的方法是调查问卷。刘素霞等（2014）研究影响企业生产员工安全生产行为的因素时，根据事故致因理论，并且运用结构方程模型对企业存在的影响因素进行研究。梅强等（2013）研究了影响企业安全行为决策的因素，根据计划行为理论并且运用结构方程模型，得出了安全生产行为的因素及影响程度。庄菁和屈植（2012）研究了企业员工敬业度的因素，发现影响因素分为三个维度，其中运用因子分析法进行研究，并且使用了线性回归模型的方法。陈雨峰等（2014）研究了影响农民工安全生产行为的因素，并且通过结构方程模型的方法确定了各因素对农民工的安全生产行为的影响原因。田水承等（2013）研究了影响矿工安全生产行为的因素，并对各因素之间的联系进行了研究，其中主要运用分层关联法进行分析，得出主要影响因素是工作环境。

从上述文献分析中可以知道，最常用的研究方法是结构方程模型，还有一些学者使用的是因子分析法和主成分分析法，这些方法主要集中于各因子之间关系的假设，而一种行为的形成往往是各种因素相互作用的结果。然而，我国对影响因素之间的相互作用路径研究仍较少。在此基础上，本书运用解释结构模型分析了企业生产员工安全行为的影响因素，找出了影响企业生产员工安全行为的直接影响因素、关键影响因素、根源性影响因素及各影响因素之间的关联。最后，本书将进一步探究根本原因。

第二节　企业生产员工安全行为监管及演化博弈理论应用的研究进展

一、企业生产员工安全行为监管的研究现状

在企业生产员工安全行为监管的问题上，有不少国内学者针对企业生产员工个体对企业生产员工产生不安全行为的影响因素进行研究，提出防控不安全行为发生的管理对策。赵德顺（2010）对员工产生不安全行为的影响因素进行分析，发现监管人员对员工的不安全生产行为有很大的影响，在此基础上提出控制并消除员工在生产过程中产生的不安全行为的方法。韩志远（2012）通过对人的不安全行为分类，发现不同类别不安全行为产生的影响因素不同，根据员工不安全生产行为的影响因素对员工不安全行为进行分类，有针对性地根据不同类型员工的不安全生产行为提出各类预防不安全行为的控制措施。杨佳丽（2017）从心理学角度分析煤矿员工不安全行为影响因素，通过分析确定影响煤矿员工产生不安全生产行为的心理影响因素，其中这些心理影响因素包括人格特质、认知心理、社会心理等，最后根据得到的心理影响因素提出相应的不安全行为管理对策。国外学者多数研究成本收益、心理、行为动机等多种因素对企业生产员工做安全行为决策时的影响，把企业看作是一个组织来进行安全行为的研究。Choudhry 和 Fang（2008）、Goncalves 等（2008）对员工个体进行个体压力、安全态度、安全认知、心理因素等与不安全行为有关的因素进行相关性探究，发现心理因素通过行为动机和安全认知对不安全行为产生影响，并根据研究发现的内容提出员工不安全行为的管理措施。Lu 和 Yang（2010）研究发现安全政策对安全行为有积极影响，

并且员工安全动机与安全行为之间存在显著影响，通过对企业安全生产的认知，员工安全动机对安全行为会产生指导性和动力性作用。Papadopoulos 等（2010）、Fugas 等（2012）通过研究作业环境、工作环境对员工产生的影响，就如何改善工作环境能更好地防控不安全行为的发生提出对策。

其他一些学者针对不安全行为产生机理或原因进行研究，从而提出防控不安全行为发生的管理对策。武玉梁（2015）研究了不安全行为发生的规律与机理，员工不安全生产行为主要是员工在受到外界信息刺激后在处理信息这一复杂的过程中产生的，据此总结出员工不安全行为的管理方法。张孟春和方东平（2012）从员工认知角度研究不安全行为产生的原因、机理，通过对员工安全认知水平的检测及对不安全行为的产生原因进行检验证实，提出不安全行为的管理措施。陈伟珂和孙蕊（2014）通过研究地铁施工工人的不安全行为产生原因，得出对工人所处情景环境进行管理可以更有效、便捷地防控不安全行为的发生。王东娟（2017）、韩志远（2012）对员工不安全行为进行分类并分析其产生原因，从管理人员角度出发，根据不同类型的员工不安全行为提出相应控制措施。Xu 和 Shi（2017）基于解释结构模型方法（interpretative structural modelling method，ISM 方法）研究了企业生产员工安全生产行为的影响因素作用机理及不安全行为产生路径。

一些学者针对企业生产员工不安全行为监管提出了规则式、理念式管理对策、规章制度。张乐（2016）结合煤矿事故进行具体分析，研究矿工不安全行为的影响因素及其产生机理，并据此从企业角度提出矿工不安全行为的管控措施。施董腾（2014）针对中小制造企业开展安全管理实践工作中出现的常见问题找出相应原因，进而提出改进措施和思路。郭淑兴和王媛媛（2015）提出通过不断完善企业有关安全生产的各项规章制度建设，加大安全管理的力度，加强对企业生产员工的安全培训，强化安全隐患排查治理力度来提高企业员工的安全意识、减少或者消除员工的不安全行为、降低事故发生率。丁冬（2015）提出目视化这一简单的管理方法，把制度、标准、正常和非正常状态等管理要求逐一标明，编辑成册，通过培训和演练，使员工熟练掌握，并且能够在生产过程中得到应用，达到规范员工行为的目的。张超等（2014）研究得出安全精神文化对员工的安全行为有正向影响作用，因而提出机械制造企业要建设良好的安全文化，要注重安全教育与宣传，强化员工的安全意识。Tau（2016）通过统计分析铁路行业的高事故发生率，研究得出缺乏监督是安全文化低效的原因，并指出监督在安全生产中起着至关重要的作用。

综合上述研究，在安全生产管理中，企业安全监管部门和企业生产员工都是利益相关方，企业生产员工不安全行为的产生会受企业安全监管人员的影响，一方的决策往往对其他利益相关方的决策执行有着深远的影响，研究安全生产管理中各方之间的关系是非常有必要的（Shi et al.，2018a）。针对安全行为监管及管理的研究，本书不仅从企业生产员工个体角度出发对不安全行为产生原因、机理、影响因素等进行研究，基于此提出防控不安全行为产生的管理对策建议，或是基于事故案例分析，提出规则式、理念式管理对策及规章制度，并且还从安全监管部门安全监管人员的角度出发对企业安全行为监管过程中的企业安全监管部门安全监管人员进行研究。而使用博弈论研究企业安全生产管理中安全监管人员与企业生产员工行为，不仅是一种有效分析方法，而且丰富了企业生产员工安全行为监管的理论研究。

鉴于此，本书在已有研究基础上，运用演化博弈理论对企业安全行为监管过程中的企业安全监管部门安全监管人员与企业生产员工之间的博弈过程进行研究，分析企业安全监管部门安全监管人员及企业生产员工行为的成本和收益对双方行为策略选择的影响，并给出有助于企业制定合理有效监管措施的建议。

二、演化博弈理论应用的研究进展

演化博弈理论也叫进化博弈理论，是生物进化论与博弈论相互结合形成的（Smith and Price，1973）。它以有限理性的参与人为研究对象，把影响参与人行为的各种因素纳入模型之中，运用系统论的观点来分析博弈双方动态的演化过程，考察群体行为的进化趋势（Nowak and Sigmund，2004）。目前，基于演化博弈理论的研究成果已经出现较多。

国内外一些文献基于演化博弈来研究安全管理方面的问题，有的学者研究工程建筑业的安全监管，如高亚和章恒全（2015）基于进化博弈分析了不同影响因素下监管单位和施工承包商双方所选择的策略，提出增强我国建设工程在施工及生产过程中安全监察监管的建议；杨世军等（2013）通过建立并分析相关安全事故发生因素的演化博弈模型，研究在施工过程中发生安全事故的根源性因素并针对完善安全监管机制提出具体措施；谭翀等（2015）通过构建演化博弈模型，揭示了企业与安全监管部门双方在彼此行为互相影响下，所做出的不同的行为策略选择，并据此提出增强我国企业在施工及生产过程中安全监察监管的建议；程敏和陈辉（2011）、Zeng 和 Chen（2015）基于演化博弈研究分析了建筑企业与政府监管部门双方行为策略的选择如何相互影响，以及影响其稳定状态变化的因素，找到根源性因素，并据此提出对建筑企业和政府监管部门双方行为决策的建议，进而达到互利共赢的目的；Shen（2010）基于演化博弈研究了建筑企业安全投入对于安全监管的影响。另一些学者基于演化博弈研究了食品安全问题，张国兴等（2015）、Han 和 Li（2017）基于进化博弈理论，针对食品的安全监管问题进行分析与研究，得出第三方监督对双方博弈结果具有重要的影响，并得出了对政府监管部门和食品企业行为选择策略的影响机理；曹裕等（2017）建立了非对称演化博弈模型，研究政府监管机构与食品企业的博弈策略选择如何受新媒体报道影响力和真实性的影响。张国兴等（2015）基于进化博弈理论，研究了第三方监督机构对于政府监管部门和食品企业行为选择策略的影响机理；许利民等（2012）通过构建食品制造商与供应商的演化博弈模型，探讨双方在质量投入产出比的变化如何影响其策略选择，通过策略选择分析，提出改变其行为的对策进而增大食品的安全性；Wang 等（2015）通过构建演化博弈模型分析食品供应链中影响合作策略的宏观因素、微观因素，进而有效预防食品供应链质量安全。有些学者的研究集中在煤矿企业安全监管。刘全龙和李新春（2015）通过构建煤矿企业、地方监管机构和国家监察机构三个种群组成的博弈模型，分析三者的行为策略变化；沈斌和梅强（2010）构建了煤矿企业、员工、中央和地方政府多方博弈模型，研究煤矿企业安全生产监管效果影响因素和力度不足的问题。少数学者研究集中在企业安全生产管理问题方面，冯领香等（2012）通过分析政府安全生产主管部门与企业之间的博弈过程，给出了在博弈过程中，企业对安全生产的投入与政府安全监管部门的群体演化的行为策略选择趋势；王永刚和江涛（2014）构建并分析了航空公司和政府安全监管部门之间在博弈过程中可能选择的策略集，得出了双方在不同成本下的三种稳定状态的策略选择；申亮（2011）针对环境保护问题，基于演化博弈理论得出政府和企业双方在行为策略选择中互相制约、互相促进，存在着复杂的博弈关系，并提出有利于政府推动企业加强环保投资的对策；Liu 等（2015）利用演化博弈理论来描述中国煤矿安全监察体系中利益相关者之间的相互作用，探讨演化稳定策略（又称进化稳定策略，evolutionary stable strategy，ESS）。

另一些国内外研究成果集中于基于演化博弈进行企业技术创新、组织创新等方面的研究。曹霞和张路蓬（2015）通过构建企业、政府与公众消费者三方环境利益相关者之间的演化博弈模型，探究三者的规制行为如何影响企业绿色技术创新扩散；于斌斌和余雷（2015）基于演化博弈分析了集群产业在“合作性创新、技术性创新”策略选择的动态决策机理；李煜华等（2015）运用演化博弈理论分析科技型小微企业、科技型大企业在创新中动态演化过程，得出技术研发整合转化能力、企业文化等因素是影响双方策略选择的关键因素；李高扬和刘明广（2014）通过构建产学研博弈模型，分析了在额外收益分配、成本分摊等影响下，企业与高校、科研机构的策略选择及模型稳定状态变化；汪秀婷和江澄（2013）基于演化博弈分析了技术创新网络中跨组织间资源共享的决策动态演化过程，得出了博弈双方的预期收益和合作成本是影响双方资源共享策略选择的关键因素；李煜华等（2013）构建产业集群内企业和科研院所的演化博弈模型，分析了协同创新风险、协同创新知识位势和预期收益对创新过程中演化动态的影响；王祥兵等（2012）

基于博弈理论研究得出企业与科研机构合作创新的初始成本、协同收益等关键因素影响区域创新系统的动态演化，并根据得出的结论提出对企业与科研机构合作创新发展的一些建议；Iame 和 Singhn（1997）、Cheng 和 Tao（1999）通过静态博弈方法分析单个企业的模仿创新和自主创新战略对自身与社会的影响；Etzkowitz 和 Leydesdoref（1995）、Leydesdorff 和 Etzkowitz（1998）运用博弈理论构建官产学创新的三重螺旋模型，研究得出企业和政府在区域创新系统中有合作博弈、非合作博弈两种策略。

演化博弈理论也被应用于其他领域的研究，Babu 和 Mohan（2018）运用演化博弈的方法解释和预测公共健康保险供应链的社会与经济可持续性；Yang（2016）以我国产业升级转型和可持续发展为基础，探讨了我国区域产业转移的演化机制；Tian 等（2016）结合演化博弈与系统动力学构建模型研究了制造企业绿色供应链管理在中国的传播扩散。

通过以上文献回顾可以看出，基于演化博弈理论来研究安全监管问题的成果已经较多，已有文献多数集中于煤矿企业安全监管、工程建筑业安全监管、食品安全监管及企业技术创新、组织创新等问题的研究，但对于企业生产员工安全行为监管的研究相对较少。针对这一问题，本书通过建立企业生产员工与企业安全监管人员之间的演化博弈模型，探讨了不同情形下企业生产员工与企业安全监管人员双方的行为策略选择、模型稳定状态的变化。

第三节　企业生产员工不安全生产行为防控对策的研究进展

部分学者通过对企业自身存在的问题进行研究，希望管理者可以从企业层面加强对本身安全行为的约束。Kines 等（2013）通过研究中小企业在安全生产中的管理行为，认为基于安全综合管理方法可以优化中小企业在安全生产中的不足，健全企业安全文化可以减少不安全生产行为发生的概率。龚甫等（2014）通过对企业员工安全生产行为的现状进行研究，发现安全生产教育培训对企业员工安全生产行为有很大的影响，并且据此提出企业需要加强对企业员工的培训，并进行周期化的和有针对性的培训等意见。张忆（2010）通过对企业生产员工行为的研究，发现影响企业安全生产的因素包括企业生产员工安全意识、企业安全保护措施、企业规章制度和企业安全培训等，并据此提出加强企业安全监管、企业生产员工间断性考核及完善企业制度等建议。郝英斌（2013）对中小企业安全生产行为进行研究分析，并依据行为管理理论，提出了中小企业管理者应当重视安全生产工作、真正落实安全生产责任制度、科学指导安全生产教育的建议。郭淑兴和王媛媛（2015）通过研究分析得出降低安全生产事故发生的概率可以用完善企业安全生产制度、增加培训时间及加强监管的方法的结论。梅强和刘素霞（2012）

通过对中小企业安全意识不足现象的研究分析，从把生产安全当作一种“公共产品”层面来解析，认为政府应该在中小企业的安全生产中扮演领头羊角色，并不断地健全安全法律法规，监督企业精确实施安全生产行为。刘祖文（2016）通过对企业安全生产管理现状的研究，提出防控员工不安全行为的建议，其中建议包括完善企业安全生产制度、增加培训时间、加强监管及加强管理者安全生产意识。Kelloway 等（2012）通过对企业员工生产的安全意识的研究，发现领导者对企业员工不安全意识有很大的影响，所以提出防控不安全事故需要加强领导者的安全意识，并且企业应该重视企业员工的心理。Barling 等（2011）提出可以通过重视员工的心理及生产环境安全氛围来减少不安全生产行为。

通过对上文的研究，可以看出，大多数学者认为应该首先提高企业生产员工的安全意识，可以通过加强安全生产教育和培训工作等方式。另外，一些学者认为，企业安全管理措施的影响对安全行为更为重要，可以通过提高企业的规章制度，优化管理结构，加强监督和加强安全生产的投资或其他方式来增强企业安全管理措施，以此来预防与控制不安全行为的发生。无论是提高安全意识，还是加强安全管理，最终的目的都是影响企业生产员工的行为，使其行为安全。因此，当我们干预企业生产员工的不安全行为时，应该考虑外部环境因素和企业生产员工的自身安全态度。

还有其他一些学者研究发现政府对企业安全生产会产生很大的影响和作用。黄晖（2012）借鉴西方发达国家的安全生产经验，对我国企业不安全生产提出了应该完善企业法律法规、健全监管机制、增加安全投资等建议。梅强和刘素霞（2012）提出企业可以根据政府制定的有关安全生产的法律法规来完善企业的规章制度，并且企业可以在政府的管理下进入良好正常的发展规程。Meams 等（2003）通过研究发现政府的安全管理力度对企业发生安全生产事故的影响很大。Dejoy（1994）提出了政府在企业制定安全管理决策、制订安全生产计划及进行安全培训的过程中起到了重要作用。

从已有的研究文献中所得到的研究成果来看，影响企业生产员工安全行为的因素包括多个方面，有社会环境、生活环境、生产环境、安全文化、监管人员行为、领导行为、安全氛围、企业生产员工安全态度、公司规章制度等。社会环境、生活环境和安全文化属于外部因素，通过对企业生产员工的安全意识产生影响，进而影响企业生产员工的安全行为（Shi and Liu，2018）。从研究的内容来看，不同研究方向的学者提出的防控不安全行为的对策不同，但是大多数都是基于企业生产员工不安全行为的影响因素提出不安全行为的防控对策，这已经是一个被大家广泛认可的方法，可以作为一个有效改善企业生产员工不安全行为的措施方法。国内外有研究显示通过引导企业生产员工的安全行为也可以控制不安全行为的发生，也有研究显示企业生产员工的不安全行为在很大程度上受企业安全监管人员的控制与影响，并确定了企业生产员工不安全行为和企业安全监管人员的行为有显著的相关性。从研究的方向来看，相关学者主要研究集中在两个方向：一是对管理者的研究，通过加强管理手段和改善管理方式来控制预防企业生产员工不安全行为；二是对企业生产员工行为的研究，通过对企业生产员工本身行为的观察分析及从企业生产员工心理等各个方面进行研究分析，得到控制预防企业生产员工不安全行为的对策。

由此可知，大部分国内学者认为应该从政府角度、企业角度来减少企业生产员工不安全行为的发生，加大安全投入和完善监管机制在企业安全生产过程中起到的重要作用。因此，本书在众多学者研究成果的基础上结合对影响因素的研究对企业不安全行为的防控对策加以补充，并且通过对企业生产员工安全行为监管的研究，建立企业生产员工与企业安全监管人员之间的演化博弈模型，分析得到企业生产员工安全行为监管存在的问题，并据此提出企业生产员工安全行为监管的对策建议。

第三章　企业生产员工安全行为影响因素研究

企业的安全生产问题不容忽视，企业生产相关的企业生产员工行为与企业安全事故密切相关，如企业生产员工不安全行为，所以，要做好安全生产工作，研究企业生产员工安全行为影响因素具有重要实践意义，以便加强企业生产员工安全生产管理，减少由企业生产员工不安全行为导致的安全生产事故的发生。

本章从企业生产员工安全行为的概念及构成要素入手，构建了企业生产员工产生不安全行为影响因素的分析框架，运用解释结构模型对影响因素之间的关系进行了分析，得出了企业生产员工产生不安全行为的影响因素层次结构及其不安全行为产生机理，并针对根源性影响因素进行了实证研究，确定影响企业生产员工产生不安全行为的影响因素集合并深入分析其相互关系（石娟等，2018）。在安全生产过程中，影响企业生产员工产生不安全行为的影响因素众多，但是，不同影响因素的影响程度却不尽相同，且影响因素之间存在的关联关系也很复杂，通过运用解释结构模型可具体分析影响因素的主次程度、相互关系、因素路径，进而可就影响企业生产员工产生不安全行为的主要影响因素进行干预，合理配置企业资源至影响作用更大的影响因素上，将会提高安全生产管理的质量和效率。

通过对企业生产员工安全行为影响因素分析研究、安全监管研究及研究方法等研究进展进行分析，发现安全行为的影响因素及其之间的联动关系，以及安全行为的影响路径等是防控企业安全生产问题的一个新视角（Shi et al.，2018a）。目前，学者对影响因素的研究集中于单一影响因素的研究，对影响安全行为的影响因素进行系统分析，探究其实现路径的研究相对较少，因此，本章通过解释结构模型对企业生产员工安全行为影响因素进行系统分析，揭示安全行为产生机理的实现过程，弥补以往研究中单一不系统的缺陷，为创新安全管理理论提供借鉴，提高了企业安全生产管制能力，为企业安全生产管理等问题提供理论框架和指导，具有重要的理论指导意义。同时，本章以安全行为的影响因素为主要研究对象，运用文献研究、专家访谈法、调研实证分析及解释结构模型等方法，深入剖析了企业生产员工安全行为的影响因素，确定了主要影响因素及其相互关系，并且研究结果给出了防控企业生产员工不安全行为的对策建议，其对减少安全生产事故、促进我国经济稳定快速发展具有重要的现实意义。

第一节　基于解释结构模型的企业生产员工安全行为影响因素分析

本节采用定量、定性相结合的分析方法，解构企业生产员工安全行为影响因素关系。通过文献研究及调研实证分析方法、问卷调查及专家访谈方法、解释结构模型方法等获取影响企业生产员工安全行为的影响因素的初始集合，确定影响因素之间相关关系，采用解释结构模型方法并结合计算机软件 MATLAB 进行影响因素分析，构建影响因素之间的递阶层级，并确定了影响因素之间的联动关系，最终得到根源性影响因素→关键性影响因素→直接性影响因素的实现路径。

一、研究方法概述

本节采用定性分析与定量研究相结合的方法，包括文献研究及调研实证分析方法、问卷调查及专家访谈方法、解释结构模型方法等。具体如下。

1. 文献研究及调研实证分析方法

运用文献研究及调研实证分析方法，对国内外大量相关资料、文献进行整理、归纳、提炼和分析，形成本节的理论研究基础。根据研究资料对我国目前企业的安全生产现状及存在的问题进行分析，确定企业生产员工为主要研究对象，并借鉴了国内外学者在企业安全行为影响因素研究、防控对策等方面的相关理论研究成果，作为本书的研究基础和理论依据。在此基础上，采用实地调研的方式获取样本数据，针对研究结果进行相应实证分析，如运用误差修正模型分析，使研究更具有可靠性，更具有研究的现实意义。

2. 问卷调查及专家访谈方法

在研究企业生产员工安全行为影响因素时，邀请了安全生产管理领域和安全控制等领域的专家进行咨询和访谈，形成解释结构模型专家小组，以综合各方专家意见，给出较为科学的建议，初步筛选出影响因素集合，并判断影响因素之间的相互关系，建立影响因素有向图及邻接矩阵等。

3. 解释结构模型方法

1）解释结构模型方法是 20 世纪 70 年代初由 J. Warfield 教授提出的，最初应用于对社会经济系统的研究中，主要用于系统分析。解释结构模型方法以问题系统为分析对象，其目的是将复杂、模糊的总系统分解为多个关系明朗、简单的子系统，并形成多级递阶的结构模型。其主要特点是对一个复杂的研究系统进行分析，将看似杂乱无章的因素体系解构成具有相互关系的视图，通过视图，可以进一步分析因素间的内在逻辑关系，结合人们对安全生产的实践经验，并借助计算机数据分析软件，分析数据建立多阶梯结构模型，从而明确系统中各因素的相互关系、影响路径及影响因素之间的先后、主次关系，认清各层因素的重要程度，为决策者提供参考意见。

目前，解释结构模型方法的影响因素研究较为成熟，如大学生就业影响因素分析、知识共享影响因素分析、产品质量的人因分析等方面。此外，该方法在其他领域也得到了广泛的应用，如资源开发、城市公共安全、交通运输等问题的研究。然而，针对企业安全行为影响因素的研究还尚未被广泛使用，且企业生产员工安全行为影响因素的集合是一个错综复杂、杂乱无章的集合系统，运用解释结构模型方法对影响因素进行研究，建立企业生产员工安全行为影响因素的层级结构模型，找出处于关键地位的影响因素并进行研究，分析影响因素之间的联动关系并划分层次递阶结构，将影响因素分为直接性因素、关键性因素和根源性因素，从而得出企业生产员工不安全行为的形成路径，所以，采用解释结构模型方法较为适合。其研究结果可为防控企业生产员工的不安全行为提供管理、决策意见，从而提高企业安全生产水平，降低安全生产事故发生的概率。

2）解释结构模型方法的应用。解释结构模型方法是一种定性、定量相结合的方法。定性分析主要体现在它依靠人的实践经验和知识，确定影响因素及确定影响因素相关性，存在人的主观意见，不同专家对待同一问题的评判标准不同，意见也不相同，所以，专家主观看法不同导致研究结果也可能存在不同，为提高研究的准确度、权威性，应成立解释结构模型方法研究小组，统一专家意见。定量分析则主要集中于计算机对邻接矩阵和可达矩阵的计算，其分析结果客观、可靠，可将复杂系统结构分解，从而形成多级层次。通过定量、定性相结合的方法，不同的专家分析不同复杂结构的问题。解释结构模型方法在国内不同领域研究中被广泛应用。

在采矿行业研究中的应用：薛韦一和刘泽功（2013）通过探究影响矿工安全心理的影响因素，构建了三层阶梯结构模型，研究结果确定了各影响因素间的联动关系，并针对根本性因素，找出了解决问题的途径。李乃文等（2012）以矿工习惯性违章行为为研究对象，建立影响因素指标体系，运用解释结构模型方法建立影响因素之间的层级关系及实现路径，并通过层次分析法排序，明确了影响因素等级划分并提出了预测和防控习惯性违章行为的对策建议。Raut 等（2017）在研究印度石油和天然气运输问题时，通过运用解释结构模型方法，深入分析了供应链影响因素，并识别出供应链运输中的关键影响因素，针对研究结果给出针对性建议，改善了印度石油和天然气运输问题。

在城市公共安全中的应用：胡嘉伟等（2014）运用解释结构模型方法对公路隧道火灾事故的致因进行了研究，通过构建原因体系的阶梯结构关系，找出了隧道火灾发生的根本原因，制定了增强隧道安全性的有效途径。Poduval 等（2015）将解释结构模型方法应用于安全生产维护影响因素的研究中，通过系统因素层次分解，解释了影响因素之间的相互关系，并根据关系的分析结果，提出了战略实施方案。Prakash 等（2017）对保险企业的风险识别、风险分层及风险度量进行了研究，采用解释结构模型研究方法，研究发现，该方法对保险企业风险管理具有重要的研究意义，有利于保险企业风险管理改进，提高风险管理水平。蔡建国和赛云秀（2014）运用解释结构模型方法对预防和控制棚户区改造项目实施过程中的风险进行了研究，建立了三级阶梯模型，找出了影响棚户区改造项目的主要因素，并分析了因素间的关系，从而制定了风险防控的有效措施。

在农业中的应用：付莲莲等（2014）采用解释结构模型方法对影响农产品价格波动的因素进行研究，研究表明，自然灾害等因素对农产品价格波动有重要影响，是造成其价格波动的根源性因素。Punia 等（2016）调查了太阳能在印度农村的使用情况，运用解释结构模型方法，对太阳能安装障碍的影响因素之间的相互关系进行研究，依据层级结构路径关系分析，提出了整改对策建议，对改善印度农村生活状态具有重要意义。

在物流管理中的应用：白会芳和董雅丽（2013）运用解释结构模型方法对影响我国医药供应链的因素进行了分析，研究结果确定了根源性因素，并针对根源性因素提出了改进方案，为促进医药供应链的快速发展提供了参考。高雯雯和彭圣钦（2011）将解释结构模型方法运用到物流园区选址的影响因素研究中，并确定了 10 个主要影响因素，通过建模分析，得出了各因素之间的相互关系，最终的研究结果为物流园区选址提供了建议。王永刚和王灿敏（2013）从航空公司法制监管、安全管理、人员因素和硬件设施四个方面出发，建立航空公司安全绩效影响因素指标体系，通过解释结构模型方法，建立四级递阶有向图，确定了安全管理状况、飞机运行状况、局方安全检查、安全文化、员工安全意识是影响航空公司安全绩效的主要因素。同样，Huang 等（2012）在对农业物流配送中心选址问题进行研究时，也采用了解释结构模型方法，综合分析了影响层级之间的结构关系，进行了影响因素不同程度的划分，最终的研究结果为农业物流配送中心的位置选择提供了科学、合理的参考。

3）解释结构模型的步骤。解释结构模型方法是定性分析与定量分析相结合的方法，针对某一特定问题，首先，需进行定性分析，通过文献研究、资料分析、调研、专家咨询、访谈等方法初步确定影响因素集合，通过问卷调查，即发放相关影响因素的调查问卷，统计问卷数据，确定数据结果符合要求的影响因素为最终影响因素，并进一步确定影响因素之间的相关关系，构建有向图，形成邻接矩阵；其次，应用计算机软件 MATLAB 进行定量分析，根据计算结果形成解释结构模型；最后，分析解释结构模型，针对特定问题给出合理解释。运用解释结构模型方法，在建模的过程中应遵循一定的步骤，其建模过程可通过以下七个步骤实现。

第一步：确定影响因素。确定所要研究问题的影响因素，通过文献分析、实地调研、问卷调查、专家访谈等方法初步筛选影响因素集合。影响因素是问题研究的开始，影响因素全面与否关系到研究结果可靠性的高低，应尽可能获取资料、数据及相关问题的专家意见，全面、综合分析问题，避免漏掉关键影响因素，影响问题研究结果的质量。在确定影响因素时应注意筛选有包含关系、意思相近或特殊例外的影响因素，尽量选取比较有代表性的影响因素进行研究。

第二步：画出有向图。分析影响因素间的相互作用关系，并画出关系有向图。确定影响因素的集合之后，需对影响因素之间的关系作进一步分析，应用有向图表示，清晰地展示影响因素之间的相关关系，并在此基础上将影响因素间的关系描述为矩阵形式，以便用数学的方法对影响因素间的关系进行处理，方便后面定量分析的进行。

第三步：建立邻接矩阵。根据有向图写出邻接矩阵，注意有向图中两个影响因素的相关关系方向。邻接矩阵的建立遵循一定的原则：假设 S_i 代表邻接矩阵每一行的因素，S_j 代表每一列上的因素，若因素 S_i 对因素 S_j 存在关系，则矩阵上 S_{ij} 用“1”来表示，但是，如果因素 S_j 对因素 S_i 不存在关系，则矩阵上 S_{ji} 则用“0”表示，若二者均没有关系，则 S_{ij} 及 S_{ji} 都用“0”来表示，若二者均存在关系，都用“1”来表示。

第四步：建立可达矩阵。运用计算机软件 MATLAB 计算邻接矩阵，得到新的矩阵，按照可达矩阵计算方式，把新矩阵中有相同行和列的因素去掉，最终得到可达矩阵，即因素系统阶梯结构的数学表示。

第五步：划分可达矩阵，确定各层因素集。分析建立的可达矩阵，汇总所有因素的可达集及前因集。可达集，即 S_i 影响的所有因素的集合；前因集，即所有影响 S_i 的因素的集合。

第六步：根据可达集、前因集因素集合，建立解释结构模型。

第七步：模型分析。通过解释结构模型可得出影响因素关系程度的层级划分，将影响因素的集合划分为直接性因素、关键性因素、根源性因素，研究者可根据因素划分等级属性采取不同的策略手段。此外，通过解释结构模型，还可得到研究问题在各个影响因素上的实现路径，对过程路径控制，亦可采取防控策略，解决实际问题。

综上所述，解释结构模型方法的全部流程可以用图 3.1 表示。

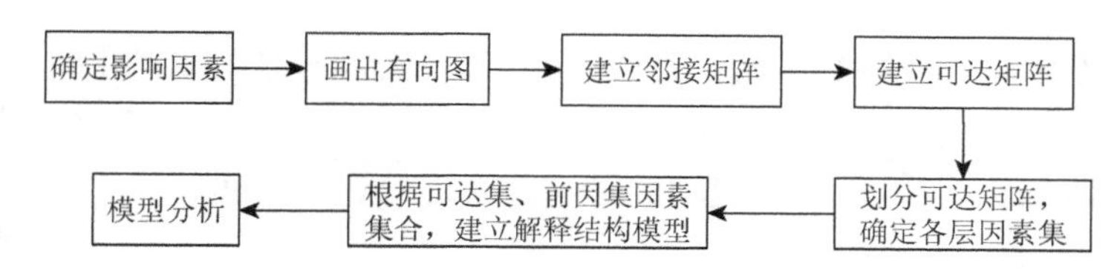

图 3.1　解释结构模型方法流程图

二、企业生产员工安全行为影响因素的选取

1. 影响因素初步筛选

初步筛选影响因素可通过文献研究、实地调研、问卷调查、专家访谈等方式实现，本书关于影响企业生产员工产生不安全行为影响因素的确定主要采用文献分析法、专家访谈法及问卷调查法。通过第二章对企业生产员工安全行为影响因素的文献研究，可初步确定、筛选出大部分影响因素集合（王倩，2017），见表 3.1。

表 3.1　企业生产员工安全生产行为影响因素初步统计表

序号	影响因素	序号	影响因素
1	政府监管力度	15	安全意识
2	政府法律、法规建设	16	性格缺陷
3	管理者的经验	17	安全需求
4	管理者对员工的尊重	18	工作压力
5	基础设施	19	疲劳作业
6	领导重视程度	20	生理因素
7	安全投入情况	21	员工文化程度
8	安全文化氛围	22	心理因素
9	薪酬分配	23	作业环境
10	安全培训	24	企业监管
11	管理方式	25	生产技术落后
12	专职安全管理员	26	主体责任落实
13	过分追求经济效益	27	自我保护意识
14	员工安全素质	28	认知水平

通过表 3.1，确定了 28 个影响因素，其中有些影响因素存在包含或者意思相近的关系，基于此，通过专家访谈方法，对影响因素做进一步筛选。邀请安全管理人员、政府监管人员及安全生产管理领域的专家组成解释结构模型讨论小组，

并针对 28 个影响因素进行分析，最终，在 28 个影响因素的基础上增加和删去了一些影响因素，经过专家讨论，初步筛选后确定了 18 个影响因素（石娟和刘珍，2017），具体见表 3.2，下面对变动的影响因素进行详细阐述。

表 3.2　初次筛选后的影响因素统计表

序号	安全生产行为影响因素	影响因素含义
1	政府监管力度	政府对企业安全生产的监管力度、监管内容是否满足企业需要；监管职责是否严格履行等
2	政府法律、法规建设	政府是否颁布了针对安全生产问题的法律法规；相关法律法规适应性是否合理；法律法规推广程度及企业普及程度如何
3	安全投入情况	企业安全生产投入量是否符合国家标准及企业生产需要，包括基础设施建设、防护用具资金投入等
4	领导重视程度	领导对企业安全生产是否有足够的重视；领导者在安全生产管理方面是否经验丰富等
5	安全文化氛围	企业是否建立了良好的安全文化氛围；企业生产员工是否都参与到安全文化氛围建设当中等
6	薪酬分配	企业薪酬分配制度是否合理
7	安全培训	企业安全培训的次数、内容和深度是否满足需要；企业安全教育、培训效果是否理想等
8	管理方式	企业管理方式是否合理，包括主体责任是否落实、工作时间安排是否合理等
9	员工安全素质	企业生产员工安全素质是否对安全生产有重要影响；企业生产员工安全素质水平如何
10	安全意识	企业生产员工安全意识是否满足安全生产的需要；企业生产员工安全意识是否有所提高
11	安全需求	企业生产员工在生产过程中是否存在对安全生产的需求；企业生产员工对企业安全生产的态度等
12	工作压力	企业生产员工工作强度是否适中，是否存在压力过大现象；是否存在很好的解压方式；企业对企业生产员工压力缓解干扰情况如何
13	生理因素	企业生产员工生理素质状况；是否因为生理问题而忽视安全生产等
14	员工文化程度	企业生产员工文化水平如何；企业生产员工文化水平是否胜任工作需求等
15	心理因素	企业生产员工心理状况；其心理状态是否适合所在工作岗位要求等
16	作业环境	企业生产环境是否适合企业生产员工进行生产活动；企业生产员工工作环境是否满足安全生产的条件等
17	企业监管	企业监管力度是否满足企业安全生产需要
18	奖惩机制	企业是否建立了合理的奖惩制度

首先，成立解释结构模型方法专家讨论小组，听取并记录组内专家发表的意见，综合汇总意见，去除了“专职安全管理员”“基础设施”“生产技术落后”三个影响因素，本书认为这些影响因素可用“安全投入情况”这一影响因素进行总

概括；去除了“管理者的经验”“管理者对员工的尊重”的两个影响因素，本书认为这两个影响因素可以由“领导重视程度”来概括；同时也去除了“疲劳作业”“过分追求经济效益”“主体责任落实”三个影响因素，认为这三个影响因素可用“管理方式”来代替；并且认为“性格缺陷”属于“心理因素”的范畴，用“心理因素”概括“性格缺陷”的影响因素；此外，还去除了“自我保护意识”和“认知水平”两个影响因素，分别用“安全意识”和“员工文化程度”概括。

其次，经过讨论，专家认为应增加相关影响因素，增加了“奖惩机制”这一影响因素，因为合理的奖惩制度可以有效激励企业生产员工行为，安全生产行为作为行为中的一种，合理的奖惩制度对企业生产员工安全生产积极性有促进作用，引导企业生产员工产生正确的、安全的生产行为，改进生产现状。

2. 问卷的设计与发放

根据表 3.2 初步确定的 18 个影响因素，设计相关调查问卷，对影响因素的可靠性进行检验。调查问卷采用结构化形式，按照问卷设计原则进行问卷编写，完整的调查问卷详见附录 1。

调查问卷主要包括三部分内容。第一部分内容主要阐述了问卷设计目的，简单说明调查问卷的基本内容，排除调查对象顾虑并真诚邀请其参与调查。第二部分内容是受访者基本信息，主要包括受访者的年龄、性别、受教育程度、工作年限、所在单位性质等，通过统计基本信息数据，以便检验回收问卷的有效性及问卷答题质量。第三部分是调查问卷的核心内容，即影响因素代表项，采用李克特五级量表形式，调查对象可根据自己实际生产工作对初步筛选的 18 个影响因素的重要程度进行打分，用 5 分、4 分、3 分、2 分、1 分表示“非常重要”“重要”“较重要”“一般”“不重要”。

本次调查对象主要包括企业的领导者、管理者、普通员工、安全监管人员、政府监管人员等。为扩大调查范围并使调查结果数据准确，调查问卷的发放形式包括到企业发放纸质问卷和邀请相关人员填写网络电子问卷，共发放 400 份调查问卷，其中纸质问卷 200 份，网络电子问卷 200 份，回收有效问卷 355 份，回收率为 88.75%。问卷的发放数及有效数达到数据分析的要求，可进一步做数据统计检验、分析。

3. 调查数据信度分析

检验克朗巴哈 α 系数指标，检验调查问卷信度。克朗巴哈 α 系数是表征测量信度的统计量，当克朗巴哈 α 系数大于 0.9（含）时，认为统计数据的信度非常高；当克朗巴哈 α 系数介于 0.7（含）与 0.9 之间时，认为统计数据信度较高；当克朗巴哈 α 系数介于 0.35（含）与 0.7 之间时，则认为统计数据信度一般；当克朗巴

哈 α 系数低于 0.35 时，则认为统计数据信度较低。对调查问卷数据收集整理后得到描述性统计量，见表 3.3。

表 3.3　描述性统计量

编号	影响因素	均值	标准偏差	数量
1	政府监管力度	4.061	1.036	355
2	政府法律、法规建设	3.875	1.032	355
3	安全投入情况	3.816	1.126	355
4	领导重视程度	3.245	1.001	355
5	安全文化氛围	3.306	0.875	355
6	薪酬分配	4.102	1.112	355
7	安全培训	3.367	1.003	355
8	管理方式	3.448	1.144	355
9	员工安全素质	3.142	0.966	355
10	安全意识	2.854	1.021	355
11	安全需求	3.468	1.126	355
12	工作压力	3.854	1.123	355
13	生理因素	2.856	0.895	355
14	员工文化程度	3.546	1.125	355
15	心理因素	3.123	1.230	355
16	作业环境	3.254	1.062	355
17	企业监管	3.632	0.928	355
18	奖惩机制	3.221	1.159	355

根据表 3.3 中的数据，运用 PASW Statistics 统计软件进行克朗巴哈 α 系数检验。检验结果见表 3.4，从表 3.4 中可以看出，统计数据的克朗巴哈 α 系数为 0.856，介于 0.7（含）与 0.9 之间，甚至接近于 0.9，由此可知，该量表的统计数据具有较高的可信度。最终可确定该 18 个影响因素为影响企业生产员工安全行为研究的影响因素体系。

表 3.4　问卷的可靠性统计表

克朗巴哈 α 系数	基于标准化项的克朗巴哈 α 系数	项数
0.856	0.842	18

三、企业生产员工安全行为影响因素的解释结构模型构建

1. 确定各影响因素之间的关联性，构建邻接矩阵

（1）有向图和邻接矩阵概念

有向图：影响因素体系中的关系可用有向连接图直观表示，每个影响因素分别对应一个节点（i 表示），影响因素间关系用有向边（→）连接。通过一个简单的例子进行解释，如图 3.2 所示。

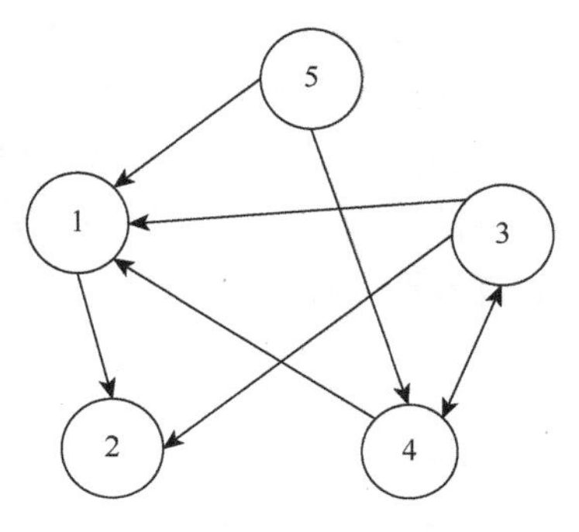

图 3.2　有向图

如图 3.2 所示，图中共有 5 个节点：1～5，分别表示系统中的 5 个因素，有向边从节点 4 指向节点 1，表示因素 4 对因素 1 有影响，同理可知因素 4 对因素 3 也有影响；在有向图中，并没有节点 1 指向节点 5，则表示因素 1 对因素 5 无影响；而节点 3 与节点 4 相互指向，则代表因素 3 和因素 4 相互有影响。

邻接矩阵是表征系统中两两因素关系的矩阵，即将有向连接图中存在关系的两个节点用矩阵的形式表示出来（杨小菊，2013）。本书用 A 表示邻接矩阵，对 A 中的元素 a_{ij}（表示矩阵中第 i 行，第 j 列的元素）作如下定义。

当因素 S_i 对因素 S_j 有直接影响时，邻接矩阵中对应的元素 a_{ij} 等于 1；当因素 S_i 对因素 S_j 无影响时，邻接矩阵中对应的元素 a_{ij} 等于 0。同样，因素 S_j 对因素 S_i 有直接影响时，则邻接矩阵对应的元素 a_{ji} 等于 1；当因素 S_j 对因素 S_i 无直接影响时，邻接矩阵对应的元素 a_{ji} 等于 0。相互影响时，则元素 a_{ij} 及元素 a_{ji} 均为 1；相互无影响时，则元素 a_{ij} 及元素 a_{ji} 均为 0。其表达公式即

$$a_{ij}=\begin{cases}1, & \text{当因素}S_i\text{对因素}S_j\text{有直接影响时}\\0, & \text{当因素}S_i\text{对因素}S_j\text{无影响或无直接影响时}\end{cases}$$

进一步理解邻接矩阵，可通过关于邻接矩阵的四个重要性质，具体如下。

1）当邻接矩阵中某一行的元素全部为零时，则该行所对应的节点为输出因素（它对所有因素都没有影响）。

2）当邻接矩阵中某一列的元素全部为零时，则该列所对应的节点为输入因素（所有因素都对它没有影响）。

3）每个节点对应的行向量中取值为 1 的元素的总数表示从这个节点可以到达其他节点的总数。

4）每个节点对应的列向量中取值为 1 的元素的总数表示可以到达这个节点的其他节点的总数（梅强等，2009）。

（2）邻接矩阵的构建

成立解释结构模型专家组，构建邻接矩阵。首先要确定因素之间的作用关系，本书构建影响因素间关系矩阵表，并邀请安全管理领域的10位专家组成解释结构模型小组，对表3.5中的影响因素进行分析，按照邻接矩阵建立的原则：当节点i对节点j有影响时，判断值为1，当节点i对节点j没有影响时，判断值为0，填写矩阵表，对表中的数据进行统计分析。统计结果表明：85%的专家认为“政府监管力度”对企业监管有直接影响，90%的专家认为“管理方式”对“薪酬分配”有直接影响，因篇幅限制此处不一一列出。最后根据统计结果建立如图3.3所示的有向图（图中1～18分别代表18个影响因素）。

表3.5　企业生产员工安全生产行为影响因素

序号	影响因素	S_i
1	政府监管力度	S_1
2	政府法律、法规建设	S_2
3	安全投入情况	S_3
4	作业环境	S_4
5	领导重视程度	S_5
6	安全文化氛围	S_6
7	奖惩机制	S_7
8	安全培训	S_8
9	企业监管	S_9
10	薪酬分配	S_{10}
11	管理方式	S_{11}
12	员工文化程度	S_{12}
13	员工安全素质	S_{13}
14	安全意识	S_{14}
15	心理因素	S_{15}
16	安全需求	S_{16}
17	工作压力	S_{17}
18	生理因素	S_{18}

运用邻接矩阵的构建方法构建18×18的邻接矩阵，如图3.4所示。

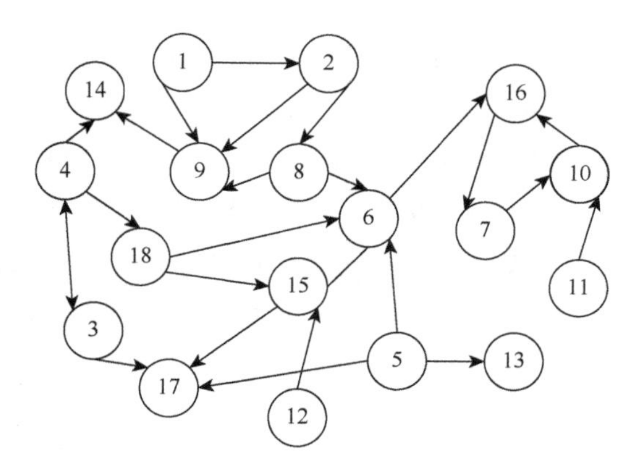

图 3.3　影响因素有向图

	S_1	S_2	S_3	S_4	S_5	S_6	S_7	S_8	S_9	S_{10}	S_{11}	S_{12}	S_{13}	S_{14}	S_{15}	S_{16}	S_{17}	S_{18}
S_1	0	1	0	0	0	0	0	0	1	0	0	0	0	0	0	0	0	0
S_2	0	0	0	0	0	0	1	0	1	0	0	0	0	0	0	0	0	0
S_3	0	0	0	1	0	0	0	0	0	0	0	0	0	0	0	0	1	0
S_4	0	0	1	0	0	0	0	0	0	0	0	0	0	1	0	0	0	1
S_5	0	0	0	0	0	1	0	0	0	0	0	0	1	0	0	0	1	0
S_6	0	0	0	0	0	0	0	0	0	0	0	0	0	0	0	1	0	0
S_7	0	0	0	0	0	0	0	0	0	1	0	0	0	0	0	0	0	0
S_8	0	0	0	0	0	1	0	0	1	0	0	0	0	0	0	0	0	0
S_9	0	0	0	1	0	0	0	0	0	0	0	0	0	0	0	0	0	0
S_{10}	0	0	0	0	0	0	0	0	0	0	0	0	0	0	0	1	0	0
S_{11}	0	0	0	0	0	0	0	0	0	1	0	0	0	0	0	0	0	0
S_{12}	0	0	0	0	0	0	0	0	0	0	0	0	0	0	1	0	0	0
S_{13}	0	0	0	0	0	1	0	0	0	0	0	0	0	0	0	0	0	0
S_{14}	0	0	0	0	0	0	0	0	0	0	0	0	0	0	0	0	0	0
S_{15}	0	0	0	0	0	1	0	0	0	0	0	0	0	0	0	0	1	0
S_{16}	0	0	0	0	0	0	1	0	0	0	0	0	0	0	0	0	0	0
S_{17}	0	0	0	0	0	0	0	0	0	0	0	0	0	0	0	0	0	0
S_{18}	0	0	0	0	0	0	0	0	0	0	0	0	0	0	1	0	0	0

图 3.4　企业生产员工安全生产行为影响因素邻接矩阵 A

2. 计算可达矩阵

（1）可达矩阵概念及计算方法

可达矩阵是用矩阵表示有向图中各节点之间通过一定的路径可以到达的程度。通过邻接矩阵，可看出两两影响因素之间的直接作用关系，但影响因素间还存在间接关系，可通过可达矩阵表示这种间接关系（Liu et al.，2013）。可达矩阵的计算遵从布尔运算法则，即由邻接矩阵加上单位矩阵 I 后所得的矩阵。具体运算方法如下。

设邻接矩阵为A，将邻接矩阵A与单位矩阵I相加所得的矩阵设为A_1，则有$A_1 = A + I$。A_1中的元素a_{ij}的意义为

$$\begin{cases} a_{ij} = 1, & \text{表示从节点} i \text{ 到节点 } j \text{ 可以直接到达} \\ a_{ij} = 0, & \text{表示从节点} i \text{ 到节点 } j \text{ 不能直接到达} \end{cases}$$

这时的A_1并不是可达矩阵，需要继续计算。对A_1运用布尔运算法则计算二次方，则可得到$A_2 = (A_1)^2 = (A + I)^2 = A^2 + A + I$，$A_2$中的元素若等于 1，则表示从节点$i$到节点$j$有两条路径可以到达。

对布尔运算法则进行推广运算：$(A+I)^k = A^k + A^{k-1} + \cdots + A^2 + A + I$，以此类推，可求出$A_1 \neq A_2 \neq A_3 \neq \cdots \neq A_{r-1} = A_r$，则有$(A+I)^{r-1} = A_{r-1}$，即

$$(A+I)^1 \neq (A+I)^2 \neq (A+I)^3 \neq \cdots \neq (A+I)^{r-1} = (A+I)^r = M$$

此时，M即为可达矩阵。

（2）求可达矩阵

借助 MATLAB 2016a 软件计算可达矩阵M，如图 3.5 所示。

	S_1	S_2	S_3	S_4	S_5	S_6	S_7	S_8	S_9	S_{10}	S_{11}	S_{12}	S_{13}	S_{14}	S_{15}	S_{16}	S_{17}	S_{18}
S_1	1	1	1	1	0	0	0	0	1	0	0	0	0	0	0	0	0	0
S_2	0	1	0	0	0	0	1	0	0	0	0	0	0	0	0	0	0	0
S_3	0	0	1	0	0	0	0	0	0	0	1	0	0	0	0	1	0	1
S_4	0	0	0	1	0	0	1	0	0	0	1	0	0	0	0	0	0	0
S_5	0	0	1	1	1	0	0	0	1	0	0	0	0	0	0	0	0	0
S_6	0	0	0	0	0	1	0	0	0	0	1	0	0	0	0	1	0	1
S_7	0	0	0	0	0	0	1	0	0	1	0	0	0	0	1	0	0	0
S_8	0	0	0	0	0	1	0	1	0	0	0	0	0	0	0	0	0	0
S_9	0	0	0	0	0	0	0	0	1	0	1	0	0	0	0	0	0	1
S_{10}	0	0	0	0	0	0	0	0	0	1	0	0	0	0	0	0	1	0
S_{11}	0	0	0	0	0	0	0	0	0	0	1	0	1	0	1	0	0	0
S_{12}	0	0	0	0	0	1	0	0	0	0	0	1	0	0	0	0	0	0
S_{13}	0	0	0	0	0	0	0	0	0	0	0	0	1	1	0	0	1	0
S_{14}	0	0	0	0	0	0	0	0	0	0	0	0	0	1	0	0	0	0
S_{15}	0	0	0	0	0	0	0	0	0	0	0	0	0	1	1	0	1	0
S_{16}	0	0	0	0	0	0	0	0	0	0	0	0	1	0	0	1	0	0
S_{17}	0	0	0	0	0	0	0	0	0	0	0	0	0	0	0	0	1	0
S_{18}	0	0	0	0	0	0	0	0	0	0	0	0	1	0	1	0	0	1

图 3.5　可达矩阵M

3. 求最高要素集

（1）相关概念及求解方法

可达集是要素S_i可以在可达矩阵中所在的行元素为 1 的列的所有因素组成的集合，通常用$R(S_i)$表示。

前因集与可达集的概念对称，是指要素 S_j 在可达矩阵中所在列对应的行为元素 1 的所有因素组成的集合，通常用 $A(S_j)$ 表示（Southey，2011）。

最高级要素集是在可达矩阵中前因集和可达集都是该要素本身组成的集合。在可达矩阵中体现为该因素所在的行只有对应的列为 1，其余都为 0。

若 $R(S_i)=R(S_i)\cap A(S_j)$，这里 $i=j$，$R(S_i)$ 就是最高级要素集。

各层最高级要素集求解方法：当其他要素可以达到 S_i，从而 S_i 不能到达其他要素时，即可求最高级要素集，从可达矩阵 M 中删去对应的最高层要素的行和列，形成新的可达矩阵 M_1，再从新的可达矩阵中找出第二层最高要素集，删去对应的行和列。以此类推，求出各层的最高要素集。

（2）要素等级划分

通过分析可达矩阵，求出第一级要素集的可达集 $R(S_i)$、前因集 $A(S_i)$ 和组成共同集 $C(S_i)$。求解结果见表 3.6。

表 3.6　第一级要素集的可达集、前因集和组成共同集

S_i	$R(S_i)$	$A(S_i)$	$C(S_i)$
S_1	1，2，3，4，9	1	1
S_2	2，7	1，2	2
S_3	3，11，16，18	1，3，5	3
S_4	4，7，11	1，4，5	4
S_5	3，4，5，9	5	5
S_6	6，11，16，18	6，8，12	6
S_7	7，10，15	2，4，7	7
S_8	6，8	8	8
S_9	9，11，18	1，5，9	9
S_{10}	10，17	7，10	10
S_{11}	11，13，16	3，4，6，9，11	11
S_{12}	6，12	12	12
S_{13}	13，14，17	11，13，16，18	13
S_{14}	14	13，14，15	14
S_{15}	14，15，17	7，11，15，18	15
S_{16}	13，16	3，6，16	16
S_{17}	17	10，13，17	17
S_{18}	13，15，18	3，6，9，18	18

从表 3.6 中可知，$R(S_{14})=R(S_{14})\cap A(S_{14})$，$R(S_{17})=R(S_{17})\cap A(S_{17})$。通过最高要素定义可知，该级的最高要素为 14 和 17，即第一层要素为 S_{14} 和 S_{17}。接下来划去 S_{14} 和 S_{17} 所对应的可达矩阵的行和列，得到新的可达矩阵 M_2，如图 3.6 所示。

	S_1	S_2	S_3	S_4	S_5	S_6	S_7	S_8	S_9	S_{10}	S_{11}	S_{12}	S_{13}	S_{15}	S_{16}	S_{18}
S_1	1	1	1	1	0	0	0	0	1	0	0	0	0	0	0	0
S_2	0	1	0	0	0	0	1	0	0	0	0	0	0	0	0	0
S_3	0	0	1	0	0	0	0	0	0	0	1	0	0	0	1	1
S_4	0	0	0	1	0	0	1	0	0	0	1	0	0	0	0	0
S_5	0	0	1	1	1	0	0	0	1	0	0	0	0	0	0	0
S_6	0	0	0	0	0	1	0	0	0	0	1	0	0	0	1	1
S_7	0	0	0	0	0	0	1	0	0	1	0	0	0	1	0	0
S_8	0	0	0	0	0	1	0	1	0	0	0	0	0	0	0	0
S_9	0	0	0	0	0	0	0	0	1	0	1	0	0	0	0	1
S_{10}	0	0	0	0	0	0	0	0	0	1	0	0	0	0	0	0
S_{11}	0	0	0	0	0	0	0	0	0	0	1	0	1	1	0	0
S_{12}	0	0	0	0	0	1	0	0	0	0	0	1	0	0	0	0
S_{13}	0	0	0	0	0	0	0	0	0	0	0	0	1	0	0	0
S_{15}	0	0	0	0	0	0	0	0	0	0	0	0	0	1	0	0
S_{16}	0	0	0	0	0	0	0	0	0	0	0	0	1	0	1	0
S_{18}	0	0	0	0	0	0	0	0	0	0	0	0	1	1	0	1

图 3.6　可达矩阵 M_2

由可达矩阵 M_2 计算第二级要素的可达集 $R(S_i)$、前因集 $A(S_i)$ 和组成共同集 $C(S_i)$，结果见表 3.7。

表 3.7　第二级要素的可达集、前因集和组成共同集

S_i	$R(S_i)$	$A(S_i)$	$C(S_i)$
S_1	1，2，3，4，9	1	1
S_2	2，7	1，2	2
S_3	3，11，16，18	1，3，5	3
S_4	4，7，11	1，4，5	4
S_5	3，4，5，9	5	5
S_6	6，11，16，18	6，8，12	6
S_7	7，10，15	2，4，7	7
S_8	6，8	8	8
S_9	9，11，18	1，5，9	9
S_{10}	10	7，10	10

续表

S_i	$R(S_i)$	$A(S_i)$	$C(S_i)$
S_{11}	11，13，15	3，4，6，9，11	11
S_{12}	6，12	12	12
S_{13}	13	11，13，16，18	13
S_{15}	15	7，11，15，18	15
S_{16}	13，16	3，6，16	16
S_{18}	13，15，18	3，6，9，18	18

从表 3.7 中可知，$R(S_{10})=R(S_{10})\cap A(S_{10})$，$R(S_{13})=R(S_{13})\cap A(S_{13})$，$R(S_{15})=R(S_{15})\cap A(S_{15})$。由此可知，第二级要素集为{10，13，15}，即第二层要素为S_{10}、S_{13}、S_{15}。同上，划去S_{10}、S_{13}、S_{15}所在可达矩阵的行和列，得到新的可达矩阵M_3，如图 3.7 所示。

	S_1	S_2	S_3	S_4	S_5	S_6	S_7	S_8	S_9	S_{11}	S_{12}	S_{16}	S_{18}
S_1	1	0	1	1	0	0	0	0	1	0	0	0	0
S_2	0	1	0	0	0	0	1	0	0	0	0	0	0
S_3	0	0	1	0	0	0	0	0	0	1	0	1	1
S_4	0	0	0	1	0	0	1	0	0	1	0	0	0
S_5	0	0	1	1	1	0	0	0	1	0	0	0	0
S_6	0	0	0	0	0	1	0	0	0	1	0	1	1
S_7	0	0	0	0	0	0	1	0	0	0	0	0	0
S_8	0	0	0	0	0	1	0	1	0	0	0	0	0
S_9	0	0	0	0	0	0	0	0	1	1	0	0	1
S_{11}	0	0	0	0	0	0	0	0	0	1	0	0	0
S_{12}	0	0	0	0	0	1	0	0	0	0	1	0	0
S_{16}	0	0	0	0	0	0	0	0	0	0	0	1	0
S_{18}	0	0	0	0	0	0	0	0	0	0	0	0	0

图 3.7　可达矩阵 M_3

根据新的可达矩阵 M_3 计算第三级要素的可达集 $R(S_i)$、前因集 $A(S_i)$和组成共同集 $C(S_i)$。计算结果见表 3.8。

表 3.8　第三级要素的可达集、前因集和组成共同集

S_i	$R(S_i)$	$A(S_i)$	$C(S_i)$
S_1	1，2，3，4，9	1	1
S_2	2，7	1，2	2
S_3	3，11，16，18	1，3，5	3

续表

S_i	$R(S_i)$	$A(S_i)$	$C(S_i)$
S_4	4，7，11	1，4，5	4
S_5	3，4，5，9	5	5
S_6	6，11，16，18	6，8，12	6
S_7	7	2，4，7	7
S_8	6，8	8	8
S_9	9，11，18	1，5，9	9
S_{11}	11	3，4，6，9，11	11
S_{12}	6，12	12	12
S_{16}	16	3，6，16	16
S_{18}	18	3，6，9，18	18

由表 3.8 知，$R(S_7)=R(S_7)\cap A(S_7)$，$R(S_{11})=R(S_{11})\cap A(S_{11})$，$R(S_{16})=R(S_{16})\cap A(S_{16})$，$R(S_{18})=R(S_{18})\cap A(S_{18})$。因此，第三级要素集为{7，11，16，18}，第三级要素为 S_7、S_{11}、S_{16}、S_{18}。同样重复上述步骤分别划去 S_7、S_{11}、S_{16}、S_{18} 所对应的行和列得到新的可达矩阵 M_4，如图 3.8 所示。

$$
\begin{array}{c} \\ S_1 \\ S_2 \\ S_3 \\ S_4 \\ S_5 \\ S_6 \\ S_8 \\ S_9 \\ S_{12} \end{array}
\begin{array}{c} \begin{array}{ccccccccc} S_1 & S_2 & S_3 & S_4 & S_5 & S_6 & S_8 & S_9 & S_{12} \end{array} \\
\left[\begin{array}{ccccccccc}
1 & 0 & 1 & 1 & 0 & 0 & 0 & 1 & 0 \\
0 & 1 & 0 & 0 & 0 & 1 & 0 & 0 & 0 \\
0 & 0 & 1 & 0 & 0 & 0 & 0 & 0 & 0 \\
0 & 0 & 0 & 1 & 0 & 1 & 0 & 0 & 0 \\
0 & 0 & 1 & 1 & 1 & 0 & 0 & 1 & 0 \\
0 & 0 & 0 & 0 & 0 & 1 & 0 & 0 & 0 \\
0 & 0 & 0 & 0 & 0 & 1 & 1 & 0 & 0 \\
0 & 0 & 0 & 0 & 0 & 0 & 0 & 1 & 0 \\
0 & 0 & 0 & 0 & 0 & 1 & 0 & 0 & 1
\end{array}\right] \end{array}
$$

图 3.8　可达矩阵 M_4

计算第四级要素的可达集 $R(S_i)$、前因集 $A(S_i)$和组成共同集 $C(S_i)$。计算结果见表 3.9。

表 3.9　第四级要素的可达集、前因集和组成共同集

S_i	$R(S_i)$	$A(S_i)$	$C(S_i)$
S_1	1，2，3，4，9	1	1
S_2	2	1，2	2

续表

S_i	$R(S_i)$	$A(S_i)$	$C(S_i)$
S_3	3	1，3，5	3
S_4	4	1，4，5	4
S_5	3，4，5，9	5	5
S_6	6	6，8，12	6
S_8	6，8	8	8
S_9	9	1，5，9	9
S_{12}	6，12	12	12

由表3.9可知，$R(S_2)=R(S_2)\cap A(S_2)$，$R(S_3)=R(S_3)\cap A(S_3)$，$R(S_4)=R(S_4)\cap A(S_4)$，$R(S_6)=R(S_6)\cap A(S_6)$，$R(S_9)=R(S_9)\cap A(S_9)$。第四级要素集为{2，3，4，6，9}，第四级要素为S_2、S_3、S_4、S_6，在可达矩阵上划去S_2、S_3、S_4、S_6所在的行和列得到新矩阵M_5，如图3.9所示。

$$\begin{array}{c} \\ S_1 \\ S_5 \\ S_8 \\ S_{12} \end{array}\begin{array}{c} \begin{array}{cccc} S_1 & S_5 & S_8 & S_{12} \end{array} \\ \begin{bmatrix} 1 & 0 & 0 & 0 \\ 0 & 1 & 0 & 0 \\ 0 & 0 & 1 & 0 \\ 0 & 0 & 0 & 1 \end{bmatrix} \end{array}$$

图3.9　可达矩阵M_5

计算第五级要素的可达集$R(S_i)$、前因集$A(S_i)$和组成共同集$C(S_i)$。计算结果见表3.10。

表3.10　第五级要素的可达集、前因集和组成共同集

S_i	$R(S_i)$	$A(S_i)$	$C(S_i)$
S_1	1	1	1
S_5	5	5	5
S_8	8	8	8
S_{12}	12	12	12

由表3.10知，$R(S_1)=R(S_1)\cap A(S_1)$，$R(S_5)=R(S_5)\cap A(S_5)$，$R(S_8)=R(S_8)\cap A(S_8)$，$R(S_{12})=R(S_{12})\cap A(S_{12})$，因此，第五级要素集为{1，5，8，12}，第五级要素为S_1、S_5、S_8、S_{12}。

综上所述，进行级间划分求得的各级要素级分别为$L_1=\{14，17\}$，$L_2=\{10，13，15\}$，$L_3=\{7，11，16，18\}$，$L_4=\{2，3，4，6，9\}$，$L_5=\{1，5，8，12\}$。

最后分级结果为

$$\pi_k(c)=[14，17；10，13，15；7，11，16，18；2，3，4，6，9；1，5，8，12]$$

经过计算，可以得到重新排序后的可达矩阵M'，如图3.10所示。

由可达矩阵M'建立企业生产员工安全生产影响因素结构模型，如图3.11所示。

		L_1		L_2			L_3				L_4					L_5			
		S_{14}	S_{17}	S_{10}	S_{13}	S_{15}	S_7	S_{11}	S_{16}	S_{18}	S_2	S_3	S_4	S_6	S_9	S_1	S_5	S_8	S_{12}
L_1	S_{14}	0	0	0	0	0	0	0	0	0	0	0	0	0	1	0	0	0	0
	S_{17}	0	0	0	0	0	0	0	0	0	0	0	0	0	0	0	0	1	0
L_2	S_{10}	0	0	0	0	0	0	0	0	0	1	0	0	0	0	0	0	1	0
	S_{13}	0	0	0	0	0	0	0	0	0	0	0	0	1	1	0	0	1	0
	S_{15}	0	0	0	0	0	0	0	0	0	0	0	0	0	1	1	0	1	0
L_3	S_7	0	0	0	0	0	0	1	0	0	1	0	0	0	0	1	0	0	0
	S_{11}	0	0	0	0	0	0	0	0	0	0	1	0	1	0	1	0	0	0
	S_{16}	0	0	0	0	0	0	0	0	0	0	0	0	1	0	0	1	0	0
	S_{18}	0	0	0	0	0	0	0	0	0	0	0	0	1	0	1	0	0	1
L_4	S_2	0	1	0	0	0	0	1	0	0	0	0	0	0	0	0	0	0	0
	S_3	0	0	1	0	0	0	0	0	0	0	1	0	0	0	0	1	0	1
	S_4	0	0	0	1	0	0	1	0	0	0	1	0	0	0	0	0	0	0
	S_6	0	0	0	0	0	1	0	0	0	0	1	0	0	0	0	1	0	1
	S_9	0	0	0	0	0	0	0	0	1	0	1	0	0	0	0	0	0	1
L_5	S_1	1	1	1	1	0	0	0	0	1	0	0	0	0	0	0	0	0	0
	S_5	0	0	1	1	1	0	0	0	1	0	0	0	0	0	0	0	0	0
	S_8	0	0	0	0	0	1	0	1	0	0	0	0	0	0	0	0	0	0
	S_{12}	0	0	0	0	0	1	0	0	0	0	0	1	0	0	0	0	0	0

图 3.10　重新排序后的可达矩阵 M'

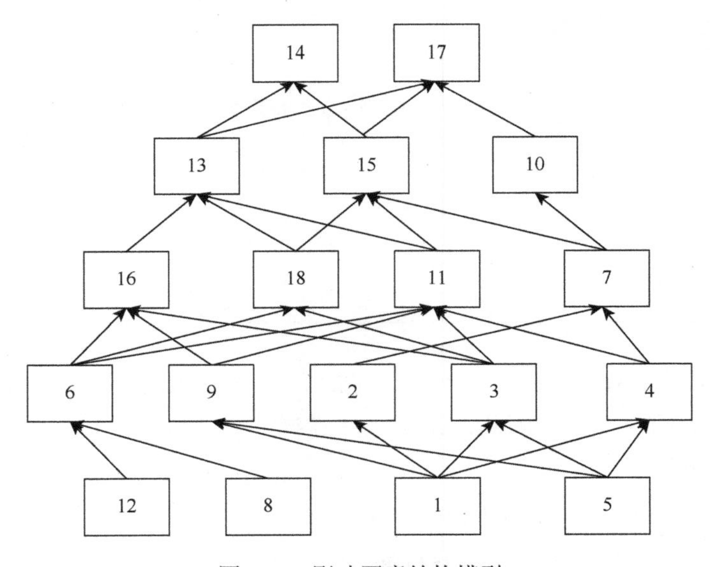

图 3.11　影响因素结构模型

4. 建立解释结构模型

根据上述可达矩阵结构，并结合 18 个影响因素，构建解释结构模型，如图 3.12 所示。

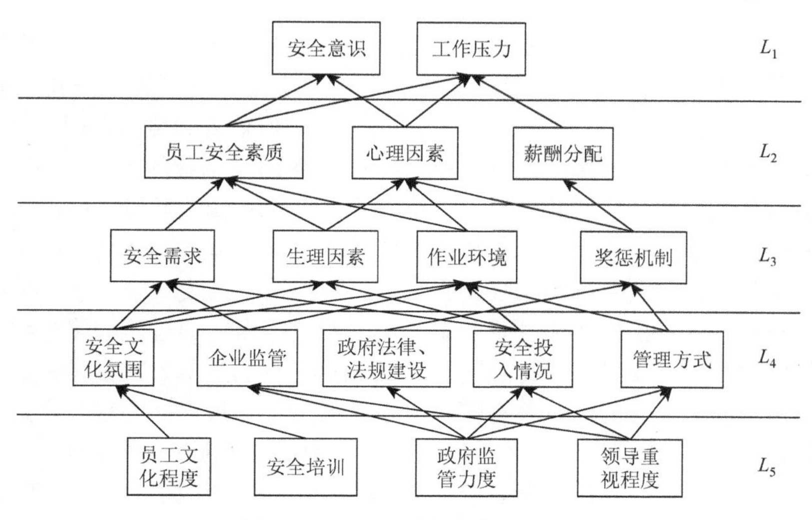

图 3.12　影响因素解释结构模型

四、企业生产员工安全生产行为影响因素的解释结构模型分析

从解释结构模型图 3.12 可知，筛选出来的 18 个影响企业生产员工安全行为的影响因素系统是由一个含有五层的多阶梯系统构成。第一层影响企业生产员工安全行为的因素由“安全意识”和“工作压力”构成，也是安全行为产生的直接性影响因素；第二层影响企业生产员工安全行为的因素由“员工安全素质”、“心理因素”和“薪酬分配”构成；第三层影响企业生产员工安全行为的因素由“安全需求”、“生理因素”、“作业环境”和“奖惩机制”构成；第四层影响企业生产员工安全行为的因素由“安全文化氛围”、“企业监管”、“政府法律、法规建设”、“安全投入情况”和“管理方式”构成。并且，从第二层次的影响因素到第四层次的影响因素均为中间层，也即企业生产员工安全行为影响因素的关键性影响因素；第五层影响企业生产员工安全行为的因素为最低一层，也即根源性影响因素，由“员工文化程度”、“安全培训”、“政府监管力度”和“领导重视程度”构成。其中，在直接性影响因素、关键性影响因素及根源性影响因素中，根源性影响因素是问题最根本的因素，也是企业生产员工不安全行为产生的起点，因此，在防控企业生产员工不安全行为产生时，应从根源性影响因素入手，以着重改善根源性问题为主要任务。

1. 形成路径分析

从图 3.12 中可以看出，企业生产员工安全行为产生的路径较多，共包含 53 条。以影响因素“安全培训”为例，它对企业生产员工安全行为的作用路径有 10 条，如“安全培训→安全文化氛围→安全需求→员工安全素质→安全意识→企业生产员工安全行为”；“安全培训→安全文化氛围→生理因素→心理因素→工作压力→企业生产员工安全行为”；“安全培训→安全文化氛围→生理因素→员工安全素质→工作压力→企业生产员工安全行为”。再以“政府监管力度”为例，它对企业生产员工产生安全行为的作用路径共有26条，占到路径总数的50%左右，这里也列举其中三条来说明，如“政府监管力度→企业监管→作业环境→心理因素→工作压力→企业生产员工安全行为”；“政府监管力度→管理方式→奖惩机制→薪酬分配→工作压力→企业生产员工安全行为”；“政府监管力度→安全投入情况→作业环境→心理因素→工作压力→企业生产员工安全行为”。通过这些路径我们可以清楚地看到，“安全培训”及“政府监管力度”是怎样影响其他因素，并最终影响企业生产员工安全行为的，以及有哪些“中介因素”，“最直接的影响因素”是什么等。此处，“安全培训”和“政府监管力度”均属于根源性影响因素，“安全文化氛围”、“生理因素”、“员工安全素质”、“薪酬分配”等均为“中介因素”，属于关键性影响因素，“安全意识”和“工作压力”为“最直接的影响因素”，属于直接性影响因素，也就是说，企业生产员工产生安全行为的路径符合“根源性影响因素→关键性影响因素→直接性影响因素→企业生产员工安全行为”的总路径。

2. 根源性影响因素

“员工文化程度”“安全培训”“政府监管力度”“领导重视程度”是企业生产员工安全行为产生的根源性影响因素。“员工文化程度”是企业生产员工自身因素，很大程度上会影响企业生产员工素质及企业的安全文化氛围。企业生产员工普遍存在文化程度低的问题，要改变这一现状就应从全体企业生产员工考虑，确定提高企业生产员工整体素质的实施方案。可以通过安全教育及安全培训的方法提高。对企业生产员工进行安全培训、安全教育主要是提高企业生产员工安全生产意识，使其充分认识到安全生产的重要性，并熟练安全生产过程，改善企业生产员工的不安全行为，进而也可打造良好的安全生产氛围。然而，在实际生产经营中，很多企业对安全培训的重视程度不高，使企业安全培训流于形式，未能取得实质性的效果，或者一再强调安全生产重要性，却没有采取实际行动，企业生产员工不安全行为及安全生产状况依旧未得到改进，企业生产员工也未能充分掌握安全生产相关知识，实际生产中缺乏安全生产技能。有效的安全培训工作不仅能提高企业生产员工的安全意识，还能创建良好的安全氛围，是企业避免安全事故直接、有效的手段。

政府对企业安全生产监管存在不足。企业发生安全生产事故，政府部门通常采取的处理方式为“事故发生—检查整治—停产关闭”，使企业安全监管处于“政府不管则乱，一管则死”的尴尬境地（王厚全和侯立宏，2016）。应创新政府安全监管模式，从根本上遏制企业安全生产事故的发生。我国城镇企业分布较广，行业类型多样，政府监管力量分散薄弱，一些位于城镇的企业，基础设施不完善，安全监管政策落实不到位，企业自身管控不足，导致安全生产事故时有发生。而对于一些刚刚成立不久的企业，企业领导往往更加重视生产速度而忽视安全的重要性，实际生产过程中为追求效益，对政府安全监管部门敷衍了事，不重视企业安全生产问题，忽视领导在安全生产中应起到的带头作用，放任企业生产员工不安全生产行为，造成安全生产事故隐患甚至导致安全生产事故发生。

由此可以看出，“员工文化程度”“安全培训”“政府监管力度”“领导重视程度”四项影响企业生产员工产生安全行为的根源性影响因素，是企业安全生产管理的起点，也是企业安全生产管理的基础性建设工作和起奠定作用的建设工作，因此，要想防控企业生产员工生产过程中的不安全生产行为，应重视根源性影响因素的影响。

3. 关键性影响因素

关键性影响因素包括“薪酬分配”“心理因素”“员工安全素质”“奖惩机制”“作业环境”“生理因素”“安全需求”“管理方式”“安全投入情况”“政府法律、法规建设”“企业监管”“安全文化氛围”。这些影响因素处于中间位置，被根源性影响因素影响，同时，也影响着直接性影响因素，由于关键性影响因素位置的特殊性，复杂系统的实现路径也多在关键性影响因素中有所体现。关键性影响因素的特殊位置在直接性影响因素与根源性影响因素之间起到了中介、传导的作用。通过图 3.12 解释结构模型可以清晰地看到，各个影响因素之间存在着复杂的联动作用关系，由于关键性影响因素的特殊位置，它既是根源性影响因素作用的结果，又是导致直接性因素的原因，如“政府监管力度”会影响“安全投入情况”，而“安全投入情况”又影响“安全需求”、“生理因素”和“作业环境”，可以理解为，政府监管力度越高，企业对安全生产就越重视，安全投入也就越高。较高的安全生产投入会满足企业安全生产的需要，提高企业安全生产现状；会改善企业生产作业环境，从而满足企业生产员工心理需求，有利于提高企业生产员工安全素质；也会缓解工作压力，改善企业生产员工生理因素。政府监管既影响着企业安全生产的投入，又有助于提高企业生产员工安全生产意识，缓解企业生产员工生产工作压力。

因此，明确了影响企业生产员工产生安全行为的关键性影响因素之后，能帮助我们理解根源性影响因素为什么能导致企业生产员工安全行为的发生。研究结果表明，一条生产路径上存在多个关键性影响因素，所以，只有同时对这些影响因素进行干预才能预防这条线上企业生产员工不安全行为的产生，从而使企业生产员工进行安全生产。例如，在“政府监管力度→企业监管→作业环境→心理因素→工作压力→企业生产员工安全生产行为”这条安全行为产生路径上，“工作压力”是导致企业生产员工产生安全/不安全行为的直接原因，“政府监管力度”是导致企业生产员工产生安全/不安全行为的根源性原因，而“企业监管”、“作业环境”和“心理因素”都是政府监管的作用媒介，是关键性影响因素。从该条路径防控企业生产员工不安全行为的产生，应在重视政府监管的基础上，重视企业监管、改善工作环境、重视员工心理素质，只有这样才能彻底阻断企业生产员工不安全行为的产生，进而管控该条行为路径。由于关键性影响因素所处位置比较特殊，在安全行为产生路径的中段，且关键性影响因素之间又相互联系，所以，欲管控企业生产员工安全行为还需对关键性影响因素进行系统化管理，尤其应注重影响因素间的作用效果，双管齐下才能切实改进企业安全生产的现状。

4. 直接性影响因素

研究结果表明，“安全意识”和“工作压力”是影响企业生产员工安全行为的直接性影响因素。该研究结果符合实际生产情况，由意识影响行为，行为影响结果的逻辑，企业生产员工安全意识影响安全行为，安全行为影响生产结果。企业生产员工安全意识直接影响企业生产员工生产行为，企业生产员工的安全意识薄弱，对安全生产过程重视程度低，易忽视安全生产的关键注意事项，出现违规操作行为，这是造成企业安全生产事故的直接原因。此外，企业生产员工工作压力对安全行为的产生也产生直接影响。如果，企业在生产过程中片面追求生产效率，忽视在企业生产员工方面的人性化管理，导致企业生产员工工作压力过大，工作注意力分散、不集中，使企业生产员工在生产过程中分心，也会忽视安全生产问题，产生不安全行为，造成企业安全生产事故。

因此，增强企业生产员工安全行为最直接、有效的方法就是要解决这两个问题，一方面，要增强企业生产员工安全意识；另一方面，要减少企业生产员工工作压力问题。但是，通过图 3.12 可知，这两个影响因素还受到众多其他影响因素（根源性影响因素和关键性影响因素）的影响，是根源性影响因素及关键性影响因素综合作用产生的结果，如果直接改善这两个影响因素的状况，很难达到预想的效果，并且实际操作困难。因此，需要干预与这两个影响因素有直接关联的其他影响因素，层层深入，按需及按影响因素的重要等级程度有针对性地制定相关管理措施，从而解决企业生产员工安全行为问题。为此，应将根源性影响因素和关键性影响因素作为增强企业生产员工安全行为的突破口，从这两方面制定和实施解决方案。

五、总结

本节通过文献分析法、专家访谈法及问卷调查法获得了国内外企业生产员工安全行为的影响因素初选集合，并对这些影响因素进行系统分析、实证研究，构建了企业生产员工安全行为影响因素框架体系；运用解释结构模型方法对框架体系进行阶梯结构研究，分析影响因素之间的联动关系，得出影响企业生产员工安全行为的影响因素主要由直接性影响因素、关键性影响因素及根源性影响因素构成。其中，“安全意识”和“工作压力”构成了直接性影响因素；“管理方式”、“安全投入情况”、“政府法律、法规建设”、“企业监管”、“安全文化氛围”、“奖惩机制”、“作业环境”、“生理因素”、“安全需求”、“薪酬分配”、“心理因素”和“员工安全素质”构成了关键性影响因素；“员工文化程度”、“安全培训”、“政府监管力度”和“领导重视程度”构成了根源性影响因素。

针对研究结果得出，针对企业生产员工安全行为管理，应注重根源性影响因素的管控，加强政府的监管力度，将企业的安全培训落到实处，提高企业生产员工文化程度，增强领导对安全生产的重视程度。针对关键性影响因素，应注重安全生产过程的整体改进，既要系统性地对关键性影响因素进行管控，也要注意关键性影响因素之间的联动关系，全面改进。最终提高企业生产员工对安全生产的安全意识，打造适合企业生产员工生产的工作环境、氛围，使企业生产员工能够在较小的压力下进行企业安全生产活动。

影响企业生产员工安全行为的影响因素繁多，但是，根源性影响因素是影响企业生产员工安全行为至关重要的影响因素，研究根源性影响因素具有更重要的意义，所以，本章第二节将主要通过误差修正模型（error correction model，ECM）方法分析根源性影响因素，探究“员工文化程度”、“安全培训”、“政府监管力度”和“领导重视程度”对企业生产员工安全行为的作用过程。

第二节　根源性影响因素对生产员工安全行为影响的实证分析

根据本章第一节分析结果可知，影响企业生产员工安全行为的根源性影响因素主要包括“员工文化程度”、“安全培训”、“政府监管力度”和“领导重视程度”。在本节内容中，主要以天津市A公司作为实例，以我国企业生产员工安全生产现状为背景，使用误差修正模型的方法，通过实证研究分析了“安全培训”、“政府监管力度”和“领导重视程度”这三个根源性影响因素对企业生产员工安全生产的影响途径。

“员工文化程度”这一影响因素相对于其他影响因素来说具有一定的主观性，企业生产员工自身个体不同，文化素质等都各不相同，虽然对其生产行为具有一定的影响，但是具有一定的特殊性，在短时间内很难发生变化，很难通过外界改变，只能通过企业安全教育培训来弥补在文化程度上的缺陷，并且由于每位企业生产员工的特质存在显著差异，安全教育培训对企业生产员工文化程度的影响也就参差不齐，为了保证研究的可靠性，本节只分析了“安全培训”、“政府监管力度”和“领导重视程度”这三个根源性影响因素。

一、根源性影响因素的计量性质

作为抽象性变量，“安全培训”、“政府监管力度”和“领导重视程度”这三个根源性影响因素不能直接量化，无法通过它们获取数据进行定量分析，为了能够反映这些变量对企业生产员工安全行为的影响，需要将这些抽象性变量可视化。

“安全培训”的整体过程应包括安全培训组织、安全培训执行及安全培训成果这三个部分。企业生产员工安全培训应该有组织、有计划地进行，所以安全培训组织应包括安全培训次数、培训师资力量及安全培训费用等内容的组织计划；安全培训执行是指企业生产员工进行培训的过程组织、情况记录等，所以安全培训执行应包括培训的规模及企业生产员工出席培训的情况等；安全培训成果是指企业生产员工经过培训以后的行为改进、安全行为表现等，包括企业生产员工安全行为情况及对企业生产员工进行企业安全生产知识测评，观测其测评成绩等。以上这些共同构成了“安全培训”的指标，而安全培训次数具有直接代表性，且数据获取较易，所以将安全培训次数作为计量数据，采用记录培训次数的方式记录“安全培训”指标，以此来进一步反映“安全培训”对企业生产员工安全行为的影响。

政府监管主要职能范围是监督企业在符合安全生产要求下进行生产，执行国家强制执行的安全生产标准，依法进行安全生产，对存在安全生产问题的企业具有责令整治、情节严重的可吊销营业执照等权力。从这一方面来说，政府监管的手段主要包括制定相关政策、执行相关标准、实地监督企业的生产过程等，使其能够进行安全生产。政府实地监管的次数、政府监管部门建设数量、政府监管资金、监管人员的投入等可构成“政府监管力度”指标，而政府监管次数直接反映了政府监管力度，由此来看将政府监管次数作为计量数据，可以有效地反映政府监管对企业生产员工安全行为的影响。

同企业质量管理一样，在企业安全生产管理中，领导的作用至关重要。从“领导重视程度”这一角度来看，一方面，领导者应在企业安全生产中起到带头作用，为领导员工树立榜样，以身作则，严格执行企业安全生产管理的相关规定；另一方面，领导者应在企业内领导企业生产员工进行安全生产活动，为生产营造出良好的安全工作环境和安全文化氛围。因此，安全投入可构成“领导重视程度”指标，如企业内生产车间的安全管理者、安全生产资金投入等，可用安全投入量作为计量数据，来反映领导重视对企业生产员工安全行为的影响。

二、误差修正模型的选择

由于“安全培训”、“政府监管力度”和“领导重视程度”这三个影响因素不能直接量化从而获得相关数据，所以研究分别采用指标内的分变量：安全培训次数表征“安全培训”，政府监管次数表征“政府监管力度”，安全投入表征“领导重视程度”，分析它们对企业生产员工安全行为的影响效果。

本节中分析“安全培训”、“政府监管力度”和“领导重视程度”对企业安全生产的影响程度所采用的方法为误差修正模型。误差修正模型属于计量经济学，是一种特定形式的计量模型。在该模型中，变量与变量之间只是在短时间内偏离正常轨迹，而在不断调整的过程中逐步走向稳定，最终形成长期稳定的关系。也就是说，误差修正项的变量之间满足长期均衡的关系，在这种大方向之下，短期内相对于因变量，自变量存在某点偏离（王文甫等，2014）。应用误差修正模型有很多优点，应用它不需要直接分析这三个影响因素对企业生产员工安全行为的影响，而是可以理解为存在很多影响因素，本书将模型中的误差修正项看作是其中的三个不可量化的因素来进行分析，从而符合分析逻辑，即研究分析“安全培训”、“政府监管力度”及“领导重视程度”这三个不可量化的根源性影响因素如何影响企业生产员工安全行为。由此可得，选择合适的误差修正项建立三个根源性影响因素影响企业生产员工安全行为的误差修正模型，近似地将影响因素量化进行分析是可取的。

三、误差修正模型的方法概述及构建

1. 误差修正模型定义

首先提出假设，为保证两个变量之间存在长期的均衡关系，假设其满足协整关系。但是在短时间内，它们可能会偏离这种固定关系，一个随机变量变化在导致另一个变量变化时不再遵循长期均衡状态，而这种失衡状态是在短期内的，经过不断调整就会逐步稳定，不会持续太久，最终会发展为长期的均衡关系。误差修正模型就是用来描述变量间由这种短期不均衡状态向长期稳定关系发展的过程行为（石娟和王倩，2016）。

假设两个随机变量的长期均衡关系如下：

$$Y_t = \beta_0 + \beta_1 X_t + \mu_t \tag{3-1}$$

实际上长期均衡关系通常会由于种种因素被打破，从而出现短期不均衡状态。假设两个变量都是一阶单整的，则动态滞后模型可表示如下：

$$Y_t = \beta_0 + \beta_1 X_t + \beta_2 X_{t-1} + \beta_3 Y_{t-1} + \mu_t \tag{3-2}$$

在短期不均衡状态时，变量之间处于非平稳状态，最小二乘法不能对此进行运算估计。因此，对式（3-2）的模型进行恒等变换，首先同时在方程两边减去 Y_{t-1}，进一步在方程右边先加上 X_{t-1} 再减去 X_{t-1}，由此将模型变换如下：

$$\begin{aligned}\Delta Y_t &= \beta_0 + \beta_1 \Delta X_t + (\beta_1 + \beta_2) X_{t-1} - (1-\beta_3) Y_{t-1} + \mu_t \\ &= \beta_1 \Delta X_t - (1-\beta_3)[Y_{t-1} - \beta_0 / (1-\beta_3) - (\beta_1 + \beta_2) X_{t-1} / (1-\beta_3)] + \mu_t\end{aligned} \tag{3-3}$$

设 $\lambda = (\beta_3 - 1)$，$\alpha_0 = \beta_0 / (1-\beta_3)$，$\alpha_1 = (\beta_1 + \beta_2)/(1-\beta_3)$，则有

$$\Delta Y_t = \beta_1 \Delta X_t + \lambda [Y_{t-1} - \alpha_0 - \alpha_1 X_{t-1}] + \mu_t \tag{3-4}$$

$Y_{t-1} - \alpha_0 - \alpha_1 X_{t-1}$ 就是 t–1 时期的非均衡误差。t–1 时期的非均衡误差和 X 的变化决定了变量 Y 的变化，也就是当前时期的偏离程度，误差修正模型可用式（3-3）表示。

一般误差修正模型用式（3-5）表示：

$$\Delta Y_t = \beta_1 \Delta X_t + \lambda e_{t-1} + \mu_t \tag{3-5}$$

式中，e_{t-1} 为误差修正项，它的系数 λ 为误差修正系数；$|\beta_3| < 1$。e_{t-1} 在模型中起到了误差修正的作用，当 t–1 时期的实际变量值大于长期均衡状态值时，此时 $e_{t-1} > 0$，$\lambda < 0$，最终使 ΔY_t 减小，使其趋于长期均衡状态。相反地，当 t–1 时期的实际变量值小于长期均衡状态值时，此时 $e_{t-1} < 0$，$\lambda > 0$，最终使 ΔY_t 增加，使两个变量之间趋于长期均衡关系。同时也可以看出，变量趋近的快慢与 λ 的大小有关。

2. 误差修正模型的建立

建立误差修正模型共分为两个部分。

（1）协整检验

想要进行误差修正模型建立，首先要检验两个变量之间是否存在长期均衡关系，即分析变量间的关系，验证两变量间是否满足协整关系。

（2）建立误差修正模型

这一步要建立解释结构模型，也就是误差变量同其他相关变量的短期模型，其中解释变量为误差修正项。

想要建立误差修正模型，要使用恩格尔-格兰杰（Engle-Granger）两步法，因为均衡误差项是不可观测变量，模型中用 e_t 表示均衡误差项。

恩格尔-格兰杰两步法计算步骤如下。

第一步：协整回归估计。

通过式（3-1）得到均衡误差项 e_t 的估计值：

$$e_t = y_t - \beta_0 - \beta_1 x_t \tag{3-6}$$

第二步：通过上一步的协整回归估计得到了参数估计值 μ_t 和均衡误差项估计值 e_t 这两个值，由此可以估计得到误差修正模型方程如下：

$$\Delta y_t = \text{lagged}(\Delta y, \Delta x) + \lambda \cdot e_{t-1} + \mu_t \tag{3-7}$$

得出这个方程以后就代表着虽然两个变量之间会在某一刻出现短期的误差偏离，但从长期来看，变量间存在长期均衡关系，而短时间内的偏离程度就用误差修正系数表示（Baron and Kenny，2012）。所以，两个变量之间的影响程度由误差修正系数就可以显示。

四、误差修正模型变量及数据的选取

在本节中，将“安全培训”、“政府监管力度”和“领导重视程度”这三个根源性影响因素可视化以后，研究它们如何影响企业生产员工安全行为的产生。鉴于现有的统计资料有限，为了保证获取数据的真实有效，本书选取天津市 A 公司作为研究实例，以下将称其为 A 企业。这是一家制造类企业，将企业内生产员工的安全培训次数、政府监管次数及安全投入量这三个数据作为指标，观测企业生产员工发生不安全行为的次数，分析它与三个指标的关系。将安全培训次数、政府监管次数及安全投入量分别记作 X_1、X_2、X_3；不安全行为发生次数记为 Y。为了保证数据真实有效，对 A 企业进行了实地调研，获取到四个指标的统计数据记录，见表 3.11。

表 3.11　A 企业的数据统计

年份	安全培训次数/次	政府监管次数/次	安全投入量/万元	不安全行为发生次数/次
1998	1	1	0.5	101
1999	1	2	0.8	98
2000	2	2	1	95
2001	2	3	3	92
2003	3	4	6	64
2006	5	4	9	55
2008	8	5	15	32
2010	14	9	19	21
2012	22	12	26	10
2014	24	16	32	5

五、误差修正模型检验及结果分析

上述内容描述了误差修正模型的概念和构建方法，由此看出，通过这个模型的构建可以分析得出变量与变量之间是否存在长期稳定的关系，即静态关系，还能判断出短期偏离的情况，即动态关系（Gafen et al.，2011）。所以，运用这个方法构建模型既可以分析得出“安全培训”、“政府监管力度”和“领导重视程度”这三个影响因素分别与企业生产员工不安全行为的长期均衡关系，又可以通过模型中的误差修正项来分析在短期动态时安全培训次数、政府监管次数和安全投入量这三个变量的偏离程度，进而得出各个影响因素在偏离时如何影响企业生产员工安全行为。

1. 协整检验

首先看各个变量是否满足长期均衡关系，需要对其进行协整检验。研究中所使用的分析工具为 EViews 6.0 软件，通过分别对 X_1、X_2、X_3 和 Y 这些变量进行平稳性检验，得出检验结果见表 3.12～表 3.14。

表 3.12　X_1 和 Y 的 ADF 检验结果

变量	检验类别	ADF 检测值	显著性水平	ADF 临界值
X_1, Y	ADF0（1）	−2.662 14	1%	−4.556 41
			5%	−3.546 18
			10%	−3.365 30
	ADF1（0）	−3.856 74	1%	−4.451 94
			5%	−3.849 70
			10%	−3.442 16

注：ADF 为单位根检验

表 3.13　X_2 和 Y 的 ADF 检验结果

变量	检验类别	ADF 检测值	显著性水平	ADF 临界值
X_2, Y	ADF0（1）	−1.142 126	1%	−4.481 54
			5%	−3.754 90
			10%	−3.542 16
	ADF1（0）	−3.662 14	1%	−4.542 19
			5%	−3.652 14
			10%	−3.224 51

表 3.14　X_3 和 Y 的 ADF 检验结果

变量	检验类别	ADF 检测值	显著性水平	ADF 临界值
X_3, Y	ADF0（1）	−2.452 17	1%	−4.552 46
			5%	−3.854 92
			10%	−3.521 74
	ADF1（0）	−3.547 22	1%	−4.314 21
			5%	−3.421 54
			10%	−3.362 45

在 1%显著水平下，一阶差分后的序列 ΔX_1、ΔX_2、ΔX_3 和 ΔY 的 ADF 检验值均小于该水平下各自的临界值，因此，序列 ΔX_1、ΔX_2、ΔX_3 和 ΔY 满足协整检验的前提。

通过表 3.12～表 3.14 可以看到一阶差分后的结果。由表 3.12 可知，X_1 和 Y 两个变量的 ADF 检测值是−2.662 14，在 5%和 10%的显著水平下它们的临界值分别是−3.546 18、−3.365 30，因此，在 5%和 10%的显著水平下两个变量的检测值均小于它们的临界值。所以由表 3.13 和表 3.14 同理可知，X_2 和 Y 两个变量的 ADF 检测值是−1.142 126，X_3 和 Y 的 ADF 检测值是−2.452 17，同样小于它们在 5%和 10%的显著水平下的临界值。因此，X_1、X_2、X_3 这三个变量均与 Y 满足协整检验，证明它们之间存在长期均衡关系，也就是说安全培训次数、政府监管次数及安全投入量均与企业生产员工安全行为存在协整关系，满足长期均衡这一条件。

2. 误差修正模型结果

分析结果显示 X_1、X_2、X_3 这三个变量均与 Y 存在长期均衡关系，根据 EViews 6.0 软件的计算结果整理得出表 3.15～表 3.17，通过这些数据分别建立 X_1、X_2、X_3 这三个变量和 Y 的误差修正模型，如下所示：

$$\Delta \ln Y_t = 8.5524 - 0.1589\Delta \ln X_{1t} + 0.7e_{t-1} \quad (3\text{-}8)$$

$$\Delta \ln Y_t = 7.2265 - 0.1485\Delta \ln X_{2t} + 0.6e_{t-1} \quad (3\text{-}9)$$

$$\Delta \ln Y_t = 8.7514 - 0.1354\Delta \ln X_{3t} + 0.6e_{t-1} \quad (3\text{-}10)$$

表 3.15　X_1 的误差修正模型结果

项目	系数	标准差	t 统计量	P 值
C	8.552 389 2	4.849 821	1.763 444	0.128 3
D（logX_1）	−0.158 898	0.115 859	1.371 479	0.219 3
log$Y$（−1）	−0.700 146	0.405 774	−1.725 458	0.135 2
log$X$（−1）	0.231 996	0.151 796	1.528 343	0.177 3

表 3.16 X_2 的误差修正模型结果

项目	系数	标准差	t 统计量	P 值
C	7.226 522	5.245 211	1.855 231	0.135 2
D（logX_2）	−0.148 521	0.213 421	1.354 221	0.214 0
log$Y$（−1）	−0.622 142	0.320 412	−1.685 243	0.145 7
log$X$（−1）	0.214 235	0.144 274	1.542 014	0.147 2

表 3.17 X_3 的误差修正模型结果

项目	系数	标准差	t 统计量	P 值
C	8.751 441	4.214 52	1.857 513	0.162 3
D（logX_3）	−0.135 431	0.145 021	1.395 324	0.251 1
log$Y$（−1）	−0.642 014	0.410 945	−1.723 066	0.143 4
log$X$（−1）	0.142 012 3	0.165 022	1.452 213 6	0.169 4

通过上述模型可进行参数估计，由估计结果可以看出在 A 企业中企业生产员工的不安全行为发生次数都分别低于安全培训次数、政府监管次数及安全投入量。分析第一个模型，首先看 X_1 和 Y 的关系，由式（3-8）可得，当 X_1 增长 1%时，Y 值会随之减少 0.1589%，这意味着在企业中，安全培训次数的增加会使企业生产员工的不安全行为有所减少，由此可知，安全培训对企业生产员工的安全行为具有重要的影响（Willianms and Geller，2012）。其次看式中的误差项，X_1 的误差修正项系数为 0.7，这一系数表示企业中安全培训次数的非均衡误差对于企业生产员工不安全行为发生次数的修正比率为 0.7，修正后可以保证安全培训次数和企业生产员工不安全行为发生次数这两个变量之间保持长期稳定的关系。同时也证实了在这个企业中安全培训的次数能够较大影响企业生产员工安全行为。

由检验结果同理可以看出，在第二个模型中，当 X_2 增长 1%时，Y 随之减少 0.1485%，意味着企业生产员工的不安全行为与政府监管力度有很大关系，但是随着政府监管次数的增加，A 企业中企业生产员工的不安全行为减少量与增加安全培训所带来的减少量相比较少，这表明在加强政府监管力度这方面存在着一些问题，虽然政府监管可以有效地减少不安全行为的发生，但是不如安全培训的效果好，这也证实了安全培训对企业生产员工安全行为的重要影响。第二个模型中 X_2 的误差修正项系数为 0.6，表示企业中政府监管次数的非均衡误差对于企业生产员工不安全行为发生次数的修正比率为 0.6，修正后可以保证政府监管次数和不安全行为发生次数之间保持长期均衡关系，这也意味着加强政府监管对 A 企业中企业生产员工安全行为存在较大影响。第三个模型中当 X_3 增长 1%时 Y 会减少 0.1354%，同时看到 X_3 的误差修正项系数为 0.6，可以看出安全投入量在 A 企业中显著影响着企业生产员工的不安全行为，但是相比于前两个影响因素，安全投入量的影响程度有所降低，尽管如此，也不能够忽视这一重要影响，应在企业能力范围内加大安全生产投入以此来减少企业生产员工不安全行为的产生。

研究结果表明，三个模型中“安全培训”的误差修正项系数为 0.7，“政府监管力度”和“领导重视程度”的误差修正项系数为 0.6。由此可以看出，先前的研究得出的三个根源性影响因素都显著影响着企业中企业生产员工的安全行为，并且在三个影响因素中，“安全培训”的影响力度最大，“政府监管力度”的影响次之，“领导重视程度”的影响最小，同时通过调研数据也可以看出在 A 企业中，企业生产员工安全生产的这三个方面上都存在或多或少的不足，企业应当增加安全培训次数，增强对安全生产的重视，同时政府也应该加大对其安全生产的监管力度，让企业中的企业生产员工做到真正的安全生产。

第三节　本章小结

社会中生产企业的发展程度往往能体现整个经济社会的发展状况，企业良好地发展必然能够带动社会中整体的经济发展，但与此同时，也应当注意到企业在大力追求快速发展的过程中产生的一些不可忽视的问题。本书通过分析我国企业生产员工安全生产现状，针对我国的企业安全生产问题，使用文献研究和问卷调查等方法，以企业生产员工作为研究对象，总结了导致这些问题产生的影响因素，进一步结合定性分析与定量分析的研究方法对企业生产员工安全行为的影响因素进行研究，从中找出最根本的影响因素进行实证分析，根据研究结果提出能有效减少企业生产员工危机行为、提高企业安全生产的建议，在实际中发挥作用，有效减少企业生产员工不安全行为导致的企业安全生产事故，具有重要的现实意义。具体结论如下。

1）首先进行文献研究，以此来对企业生产员工安全行为的影响因素进行初步确定，将搜集到的影响因素概括为三个部分，分别是社会因素、企业内部因素和员工自身因素，针对这些因素进行调查问卷的设计，通过分析调查问卷的结果确定了 18 个影响因素，并进行进一步的研究。结合解释结构模型方法对确定的影响因素进行安全行为影响因素系统层次结构的建立，对影响因素进行划分，将其分为直接性影响因素、关键性影响因素和根源性影响因素。其中，直接性影响因素包括“安全意识”和“工作压力”，关键性影响因素包括“安全素质”、“心理因素”、“薪酬分配”、“安全需求”、“生理因素”、“作业环境”、“奖惩机制”、“安全文化氛围”、“企业监管”、“政府法律、法规建设”、“安全投入情况”和“管理方式”，根源性影响因素包括“员工文化程度”、“安全培训”、“政府监管力度”和“领导重视程度”。并且影响因素与影响因素并不是孤立存在的，模型分析显示影响因素影响企业生产员工安全行为的路径是“根源性影响因素→关键性影响因素→直接性影响因素→企业生产员工安全生产行为”这样的过程。在明确了安全行为的影响路径是从根源性影响因素到关键性影响因素再到直接性影响因素的过程以后，得出在防控企业生产员工不安全行为的过程中，最应注重的是根源性影响因素。

2）选取先前探究出的三个根源性影响因素，即“安全培训”、“政府监管力度”和“领导重视程度”进行模型构建，探究其对企业生产员工安全行为的影响。以天津市A企业为例，以我国企业生产员工安全生产现状为研究背景，结合误差修正模型的分析框架，对这三个根源性影响因素对企业生产员工安全行为的影响程度进行了实证研究和分析。通过对A企业的研究，得出了以下结果，“安全培训”、“政府监管力度”和“领导重视程度”对企业生产员工安全行为具有显著的影响，其中“安全培训”的影响程度最高，“政府监管力度”和“领导重视程度”次之。

3）经过对主要影响因素的建模分析，提出了关于企业生产员工安全生产的对策建议，包括企业和政府两个方面。从企业层面来看，首先需要增加安全培训教育，促进安全生产教育培训制度的建立，完善企业安全管理组织机制，同时要加大企业安全生产的投入，优化企业安全文化体系结构，并设立奖惩制度，对于企业生产员工安全行为给予合理的薪酬和奖惩。从政府层面来看，需要增加对企业的安全监管，优化对企业建立的安全生产管理结构，落实相关安全管理政策并完善安全生产市场准入制度，强化社会监督服务。

第四章 企业生产员工安全行为监管的演化博弈分析及MATLAB仿真

本节运用演化博弈理论方法，对企业安全生产监管过程中的企业安全生产监管部门的企业安全监管人员与企业生产员工之间的行为博弈过程进行了研究，分析企业安全生产监管部门及企业生产员工行为的成本和收益对双方行为策略选择的影响，并给出有助于企业制定合理有效监管措施的建议，探讨如何使博弈双方都能以实现安全生产为出发点来选择自己的行为策略，为制造类企业内部安全生产管理提供理论指导和现实参考，从而有助于减少制造类企业内安全生产事故的发生，促进经济发展。

由于企业生产员工与企业安全监管人员之间的特殊关系，彼此有着不同程度的利益需求，且双方属于利益相关方及对立方，一方的决策往往对其他利益相关方的决策执行有着深远的影响，相互间存在着复杂的博弈关系。为使博弈双方的行为都按照理想状态演化，就需要探讨影响演化博弈稳定状态变化的影响因素，并分析各影响因素（如行为成本等）的参数值变化如何影响博弈双方行为策略的选择，由此，从企业安全监管的管理者视角出发，进行企业安全监管人员与企业生产员工之间的监管/不监管及安全/不安全行为博弈分析，并运用MATLAB软件进行数值实验仿真，进一步分析企业生产员工安全生产路径。通过对企业生产员工与企业安全监管人员行为进行更深入、具体的研究，来改善企业生产员工不安全行为状况，为企业安全生产管理提供思路，为企业生产员工安全行为监管及防控提供切实有效的对策建议，为企业安全生产管理提供借鉴，为控制安全生产事故发生提供新方法。

针对企业安全生产问题的研究，将企业生产员工与企业安全监管人员之间的行为选择进行博弈分析，建立了双方之间的关系，对企业安全监管研究提供了新思路。企业生产员工不安全行为的产生受企业安全监管人员的影响，一方的决策往往对其他利益相关方的决策执行有着深远的影响，研究企业安全生产管理中各方之间的关系是非常有必要的。博弈论用来研究人类在特定问题中的决策选择和行为状态，是研究企业安全生产管理中企业安全监管人员与企业生产员工行为的有效方法，故运用演化博弈理论剖析企业中企业安全监管人员和企业生产员工博弈双方行为关系，为企业安全生产管理研究提供了一个有益视角，同时扩展了企业生产员工安全行为监管理论的研究。

第一节　企业生产员工安全行为监管的演化博弈分析

企业生产员工安全生产事故频频发生，企业生产员工在生产过程中发生的不安全行为是其发生必不可少的原因，对企业生产员工安全行为监管的研究更应当得到重视。本节引入了以达尔文生物进化论为基础机制的演化博弈理论，这个理论以博弈方的有限理性为基础假设，结合传统博弈分析，将生物进化的复制动态机制引入其中，运用复制动态方程和相位图等分析工具，对博弈的动态过程进行分析，并最终得到演化稳定策略。通过对演化博弈理论框架用于安全行为监管研究的可行性和适用性进行分析，构建了“企业安全监管人员-企业生产员工”之间的演化博弈模型，并对企业安全监管人员和企业生产员工之间的动态演化过程进行分析，讨论了企业生产员工安全生产成本、企业安全监管成本、处罚力度、事故损失等关键因素对均衡结果的影响，演化分析了在六种情形下双方的行为策略选择与稳定状态，最终得出三个主要结论，首先企业安全监管人员是否执行安全监管任务与其进行安全监管支付的成本、检查出企业生产员工进行不安全行为所缴纳的罚款及由于监管不力造成事故发生所接受的处罚有关；其次企业生产员工是否遵守安全生产操作规范、执行安全行为与其执行安全行为所支付成本、期望事故损失及被检查出违规操作所交的罚款有关；最后，减少企业安全监管人员对企业生产员工进行监管的成本，将会有利于企业安全监管人员认真执行安全监管工作。而减少企业生产员工执行安全行为所支付的成本，降低其执行不安全行为的收益，将会促使企业生产员工遵守安全操作规程执行安全行为。

一、演化博弈模型基本概述

博弈论是研究在当事人彼此之间的决策互相影响的条件下，博弈方如何进行活动的一种理论和方法，要考虑在博弈中的个体的预测行为和实际行为，并研究它们的优化策略。演化博弈论（evolutionary game theory）是将博弈论分析和动态演化过程结合起来，它源于生物进化理论（梅强等，2009）。演化博弈论基本思想是：在一定规模的博弈群体中，作为博弈方的人是通过进行反复不断的试错活动的方法来达到博弈均衡的，在这样的博弈中博弈方都是有限理性的，且不可能在每次博弈中都能找到最优的均衡点，而传统的博弈论中往往假设博弈方是传统的理性人，并且传统博弈论的重点放在了静态均衡和比较静态均衡上；演化博弈论以一种动态的视角分析系统均衡，所选择的均衡是达到均衡的均衡过程的函数，强调动态的均衡，因为历史、制度因素及均衡过程的某些细节均会对博弈的多重均衡的选择产生影响，能更准确全面地描述系统的发展变化。该方法从系统的角度出发，探究个体微观行为的策略选择，具体来说，演化博弈是指博弈双方根据其观察的信息情况，来不断调整自己的行为，不断地对自己的行为决策进行改进，以便获取较高收益，并作为其今后的行动准则（石娟和刘珍，2017）。本节中，企业安全监管人员与企业生产员工在安全生产过程中存在不同的利益需求、复杂的博弈关系，而企业安全监管人员与企业生产员工安全行为直接相关，所以，从企业安全监管人员视角探究企业生产员工个体行为在安全生产中的变化，构建演化博弈模型，分析博弈双方的动态演化过程及不同情况下模型演化稳定状态的变化，为预测和解释企业生产员工的行为提供了可靠的研究方法，并对企业安全生产监管提供管理思路。

一个标准的进化博弈需具有如下假设：①随着时间的推移，获得较低支付的策略将被获得较高支付的策略所取代；②群体的选择过程中存在一些惯性；③局中人并不影响其他局中人未来的行为策略选择（Friedman，1992；Boylan，1998）。

演化稳定策略和复制动态（replicator dynamics，RD）是演化博弈中的两个重要概念，它们一起构成了演化博弈论最核心的部分，它们分别代表了演化博弈的稳定状态和向这种稳定状态的动态收敛过程。

演化稳定策略来源于达尔文的生物进化论，是指群体中绝大多数个体选择演化稳定策略，而小的突变者群体便不会侵略到这个群体中，并在进化过程中逐渐消失，至退出系统，从而使群体进入一种稳定状态，即进化稳定状态，而当系统处于该状态时，系统几乎不会偏离该稳定状态。

复制动态是指博弈方通过学习模仿不断调整自己的策略而选择较优势策略，使群体中选择较优势策略的个体增多，其基本原理是：结果优于平均水平的策略会逐步被更多个体采用，从而选择该策略的个体在整个群体的比重增加（复制动态方程大于零）。复制动态方程体现的是在一个群体中采用某一特定策略的频数或频率，是描述只有对优势策略简单模仿能力的，低理性层次有限理性博弈方动态策略调整的一种机制。复制动态的微分方程一般如下：

$$F(k)=\frac{\mathrm{d}x_k}{\mathrm{d}t}=x_k[u(k,s)-\overline{u}(s,s)],k=1,\cdots,n \tag{4-1}$$

式中，x_k 为采取策略 x 的个体占群体总数的比重；$u(k,s)$ 为采用策略 k 时的适应度；$\overline{u}(s,s)$ 为平均适应度。

作为演化稳定策略的 k，需满足两个条件：① $F(k)=\frac{\mathrm{d}x_k}{\mathrm{d}t}=0$，② $F'(k)<0$。

二、演化博弈分析框架、适用性分析

1. 演化博弈分析框架

博弈论用来研究人类在特定问题中的决策选择和行为状态，而演化博弈模型则建立在两个方面，其一是选择，即能够获得较高支付的策略能够被更多的参与者所选择；其二是突变，即部分参与者随机地选择了不同于群体决策的个体行为策略。

在演化博弈理论中假设人是完全理性的，这一假设与现实差距很大，大多数人类由于认知能力有限无法在博弈中通过复杂精确的计算来获得相应来说最佳的反应策略，而是只能够根据以前的经验、习惯和常规，或者通过对他人行为的学习来制定自己的策略，这也就是演化博弈理论中的有限理性。有限理性行为表现在三个方面，首先是惯例行为，博弈方想要变更决策就会有一定的成本，所以大多数人不会改变策略而是按照以往的惯例采取行动，锁定在已有策略中；其次是近似行为，参与者不具备预测能力，无法预测也无法影响其他参与者的决策，所以少部分人进行决策变更时总是把当前的决策状态作为已知条件，从而进行分析决策；最后是尝试行为，有部分参与者具有一定的冒险精神，不拘泥于追求最优策略，而是会试错，尝试其他策略行为。演化博弈理论的分析对象是在经济社会系统中具有有限理性的群体参与者，他们在博弈中为了达到稳定均衡状态会进行具体的动态学习模仿过程。演化博弈中需要解决的主要问题有两个，首先要构建模型，要求模型能够体现出动态学习且具有不同的有限理性要求，其次就是要基于稳定性理论分析这个动态调整过程。总的来说，演化博弈理论中假设博弈双方都是有限理性的，有限理性的经济主体无法准确知道自己所作决策的利害状态，而是通过在博弈的动态演化过程中，朝最有利的策略逐渐模仿下去，最终达到均衡状态（Christian，2004）。

演化博弈有两种最基本的情况，一是由具有快速学习能力的小群体成员进行反复博弈，称为最优反应动态，二是大群体中学习很慢的成员随机配对进行反复博弈，称为复制动态。

博弈方对上一阶段的决策结果进行总结，对现有的策略进行调整，这种思路或者说是学习调整机制的最优反应动态。而博弈方群体成员向优势策略的转变是一个渐进的过程，在博弈开始有限理性的博弈双方无法找到最佳策略，而是在反复博弈过程中通过模仿学习群体中其他成员的策略和不断试错改错的方式寻找较好策略，通过不断地动态学习、调整、改进，进而达到一个均衡的状态，这个过程中并不是所有的成员同时学习调整，整个群体的策略调整速度用复制动态方程表示。博弈双方达到了稳定状态也可能因为某些群体成员犯错而偏离均衡，但是经过博弈各方不断学习模仿和调整的动态过程，最终仍能达到稳定的均衡状态，因此演化博弈中真正稳定的均衡状态是指受到个别群体成员的少量干扰仍能恢复均衡（即具有抗扰的功能），这种均衡稳定状态对应的策略在演化博弈理论中称为演化稳定策略，博弈方之间不断学习模仿的动态过程称为模仿者动态。本书的分析框架是有限理性的博弈方所组成的群体成员的随机配对反复博弈的分析框架（谢识予，2002）。

总体来说，本书运用的演化博弈理论分析框架是以达尔文生物进化论为基础机制，以博弈方的有限理性为基础假设，结合博弈分析，将生物进化的复制动态机制引入其中，运用复制动态方程和相位图等分析工具，对博弈的动态过程进行分析，并最终得到演化稳定策略。

2. 演化博弈对安全行为监管研究的适用性分析

国家经济快速发展的同时，安全生产问题却一直是困扰我国经济发展的重要问题。近年来，我国事故原因调查分析报告显示，人的不安全行为直接或间接导致的人身伤亡事故占年度事故总数的70%～80%。例如，2015 年的山东富凯公司发生重大煤气中毒事故，主要在于安全生产管理混乱，安全检查不到位；2015 年天津港“812”特别重大火灾爆炸事故，部分原因是在装卸作业中野蛮操作导致包装破损、硝化棉散落。还有大量的工伤事故和火灾事故也发生在制造类企业，如深圳历史上典型的致丽玩具厂、沙井智茂电子厂大火。因此，加强安全生产监管力度十分必要，并且研究企业生产员工安全行为的监管也越来越得到重视。

首先，博弈论是研究博弈方之间在各种利益的相互制约下进行行为选择的理论，在博弈中，存在着信息不对称、外部性和垄断等各种问题，而企业生产中员工和管理者双方之间也存在着同样的特点，使得企业安全行为监管中充满了各种博弈问题。信息不对称是指在交易中的各方拥有的信息不同。在社会、政治、经济等各种活动中，一些参与者拥有其他成员没有的信息，由此造成信息的不对称，信息不对称也会引起道德风险问题，也就是概括为“偷懒”“搭便车”等机会主义行为。企业生产员工由于可以“偷懒”获得眼前利益等，就会在工作过程中违背规则，躲避监管；企业安全监管人员也会由于信任等各种原因监管不力，这样就会容易引发不安全行为，造成事故或不良影响。所以在企业安全监管人员对企业生产员工进行安全行为监管过程中，双方信息不对称，由此双方的行为选择的不确定性较大，双方的行为策略选择互相依赖互相影响，且双方安全意识可能不够，这些因素都使得双方在进行行为策略选择时不是完全理性的，从而无法在博弈伊始直接找到最优策略，需要在反复博弈的过程中以追求利益最大化为目的通过模仿、学习、试错来调整自己的行为。

其次，相关研究表明，我国企业生产员工的不安全行为与事故的因果关联度较高，多数重大安全事故的发生直接由企业生产员工不安全行为导致。一项不安全行为是少数企业生产员工的举动，之后，如果没有发生相关事故或该举动未得到及时纠正，则会有越来越多的企业生产员工看到行为收益而模仿，从而形成错误的安全认识，导致出现更多的不安全行为，由此进入恶性循环，最终导致不可挽回的人员伤亡和经济损失等重大事故，也就是说，在企业实际中企业生产员工的行为是具有传播性的（韩豫等，2016），如果一个或个别几个企业生产员工在正常作业中违反安全操作规范，“冒险”执行不安全行为，而没有被处罚，这时企业生产员工从不安全行为中获得更多收益时，这种行为可能持续下去，并造成更多的企业生产员工去模仿学习，这种行为也会在“进化”中遗传下来；相反，如果企业生产员工从来没有违规操作，绩效考核优秀而得到公司奖励较多，其他企业生产员工就可能模仿此种行为。企业安全监管人员的行为也是具有传播性的，如一个企业安全监管人员看到其他企业安全监管人员的监管方式简洁且有效，则会自然而然地借鉴模仿，将其用于自己的监管工作中，所以说行为具有传播性这种解释同样适用于企业安全监管人员。企业生产员工和企业安全监管人员在工作过程中形成了博弈问题，在反复博弈中博弈双方的群体通过不断调整自己的行为寻找最优策略，最终达到一个稳定均衡状态。

基于以上原因可以看出，企业生产员工和企业安全监管人员双方的行为选择受到多种因素影响，并且无法在一开始就形成均衡的静止状态，在这种情况下，采用构建演化博弈模型的分析方法，探讨如何规范和引导安全监管中博弈双方的行为，可使双方行为朝着期望的良好状态演化，对提高企业安全生产监管的效果具有十分重大的意义。

三、构建企业生产员工安全行为监管的演化博弈模型

在对企业生产员工日常生产进行监管过程中，企业安全监管人员是否执行本职工作进行监管、企业生产员工是否遵守生产操作规程执行安全行为是动态博弈的过程。在生产过程中，企业生产员工会为了减少操作时间、减轻工作强度或为了加快工作进度，增加产出量，而可能发生违规行为，导致不安全行为的出现。企业中企业安全监管人员有责任对企业生产员工不安全行为进行监察并干预，然而，企业安全监管人员可能会为了节省监管成本，而对企业生产员工的生产操作不进行全面监管。在有限理性的前提下，企业生产员工考虑成本付出及监管惩罚等，可能选择执行安全行为或不安全行为；企业安全监管人员考虑监管成本等，可能选择执行监管行为策略或不监管行为策略。本书构建出“企业生产员工-企业安全监管人员”之间的演化博弈模型（Hu et al.，2018）。

1. 模型构成

局中人：模型中存在两种有限理性的局中人，局中人 1 为是否按照安全作业的规范和程序执行安全行为的企业生产员工，即不安全行为责任者；局中人 2 为负责在日常作业中对企业生产员工进行监督管理，并及时制止不安全行为的发生，即企业安全监管人员。

策略：企业生产员工可以选择是否执行安全行为，故其行为策略集假设为 A_1={安全行为，不安全行为}；企业安全监管人员可以选择是否进行监管，故行为策略集假设为 A_2={监管，不监管}。

2. 模型假设

为了便于更清楚分析所构建的博弈模型，本书做出以下假设。

1）有限理性假设：假设博弈方都是有限理性的，即企业生产员工或企业安全监管人员无法在博弈的开始就找到最优策略，需要在博弈中模仿其他个体的成功行为，不断调整自己的行为，从而经过长期的博弈之后两个群体的策略行为达到一个稳定状态（即演化稳定策略）。其他假设：①企业生产员工选择不安全行为的目的是节省操作时间，避免消耗过多的体力精力，或为了节省更多的时间及精力做其他项工作，而从中获得额外收益；②模型中任意一方于对方的行为策略选择是未知的，即博弈双方的信息是不完全信息。

2）企业安全监管人员的收益假设为：①由于企业安全监管人员对企业生产员工生产操作施行检察、监督是其必须要完成的本职工作，故企业安全监管人员选择执行监管，不能够从中获取额外收益，因此，在企业生产员工执行安全作业情况下，企业安全监管人员认真执行监管时其收益为 0；在企业生产员工执行不安全行为情况下，企业安全监管人员认真执行监管时所得收益是对执行不安全行为的企业生产员工所缴收的罚金 A。②若在企业安全监管人员认真执行其监管工作的情况下发生了安全生产事故，则不对企业安全监管人员进行处罚；而在企业安全监管人员不进行有效监管的情况下发生事故，则企业安全监管人员应接受处罚的罚金为 D。在企业生产员工执行安全行为，企业安全监管人员不执行安全监管工作的情况下，其收益为节省的监管成本费用 Y；由企业生产员工的不安全行为导致安全生产事故发生的概率为 f，在企业生产员工执行不安全行为，企业安全监管人员不执行安全监管工作的情况下其收益为 $Y-fD$。

3）企业生产员工的收益假设为：①当企业生产员工进行安全作业，即执行安全行为时的成本为 c，r 为企业生产员工正常作业时所获得的收益，则企业生产员工执行安全行为时所获收益为 $r-c$；②由企业生产员工的不安全行为导致安全生产事故发生的概率为 f，若安全生产事故发生企业生产员工所要承担的相应损失为

L。若企业安全监管人员进行监管检查出企业生产员工执行不安全行为，则对企业生产员工所处罚款为 A，企业生产员工的收益为 $r-fL-A$；若企业安全监管人员未对企业生产员工的生产操作进行监管，则企业生产员工不安全行为不会被查出，也不会为此缴纳罚金，此时其收益为 $r-fL$。

相应的该模型的支付矩阵见表 4.1。

表 4.1　企业安全监管人员与企业生产员工的支付矩阵

企业生产员工	企业安全监管人员	
	监管 y	不监管 $1-y$
安全行为 x	$r-c,0$	$r-c,Y$
不安全行为 $1-x$	$r-fL-A,A$	$r-fL,Y-fD$

假设企业生产员工中 x 是选择执行安全行为策略的人数比例，$1-x$ 是选择执行不安全行为策略的人数比例；企业安全监管人员中 y 是选择执行监管策略的人数比例，$1-y$ 是选择执行不监管策略的人数比例。

根据模型的支付矩阵，假设 U_1 为企业生产员工执行安全行为的期望收益，则 U_1 用以下公式表示为

$$U_1=y(r-c)+(1-y)(r-c)=r-c \tag{4-2}$$

假设 U_2 为企业生产员工执行不安全行为的期望收益，则 U_2 用以下公式可表示为

$$U_2=y(r-fL-A)+(1-y)(r-fL)=r-fL-Ay \tag{4-3}$$

经运算得出企业生产员工在执行安全行为、不安全行为时的平均收益为

$$\bar{U}=x(r-c)+(1-x)(r-fL-Ay)=(r-fL-Ay)+x(Ay+fL-c) \tag{4-4}$$

因此，企业生产员工在选择了执行安全行为策略时，复制动态方程用以下公式表示为

$$\begin{aligned} U_t=\frac{\mathrm{d}x}{\mathrm{d}t}=F(x)=x(U_1-\bar{U})&=x[(r-c)-(r-fL-Ay)-x(Ay+fL-c)] \\ &=x(1-x)(Ay+fL-c) \end{aligned} \tag{4-5}$$

同理，依据上述步骤，假设 V_1 为企业安全监管人员认真执行监管工作，对企业生产员工不安全行为进行监管的期望收益，则 V_1 用以下公式表示为

$$V_1=0+(1-x)A=(1-x) \tag{4-6}$$

假设 V_2 为企业安全监管人员选择执行不监管行为策略的期望收益，则 V_2 用以下公式可表示为

$$V_2=xY+(1-x)(Y-fD)=Y-(1-x)fD \tag{4-7}$$

经计算得出企业安全监管人员对企业生产员工行为进行监管、不监管的平均收益为

$$\bar{V}=yA(1-x)+(1-y)[Y-(1-x)fD] \tag{4-8}$$

因此，企业安全监管人员在选择了监管策略时，复制动态方程用以下公式表示为

$$V_t=\frac{\mathrm{d}y}{\mathrm{d}x}=F(y)=y(V_1-\bar{V})=y(1-y)[A+fD-Y-x(A+fD)] \tag{4-9}$$

四、企业生产员工与企业安全监管人员演化博弈模型分析

1. 企业生产员工行为策略的演化稳定分析

根据复制动态方程式（4-5）可以得出，当$y=\dfrac{c-fL}{A}$时，式（4-5）等于0，表明x的所有取值都是稳定状态。当$y\neq\dfrac{c-fL}{A}$时，令式（4-5）等于0，从中可以解出两种可能的稳定状态$x_1^*=0$，$x_2^*=1$。一个稳定状态所对应的演化稳定策略具有抗扰动的功能，即博弈双方选择演化稳定策略的比例偏离了稳定状态点，仍有能力恢复到稳定状态，亦可理解为某些群体成员因犯错而偏离均衡，最终经过行为调整仍能达到稳定均衡状态，用公式可以表示为

$$F'(x)=\mathrm{d}F(X)/\mathrm{d}X<0 \tag{4-10}$$

对式（4-5）求导，得

$$F'(x)=\mathrm{d}F(X)/\mathrm{d}X=(1-2x)(Ay+fL-c) \tag{4-11}$$

以下根据$F'(x^*)$的正负情况来分析企业生产员工的演化稳定均衡状态，根据演化稳定策略的性质及微分方程的稳定性定理，当$F'(x^*)<0$时，x^*为演化稳定策略。

当$fL>c$，企业生产员工不遵守生产操作规范执行不安全行为时，发生事故的期望损失大于执行安全行为时付出的成本时，$Ay+fL-c>0,\ F'(x_1^*)>0,\ F'(x_2^*)<0$，故$x_2^*=1$为演化稳定均衡点，博弈的结果为：有限理性的企业生产员工选择遵守生产操作规范执行安全行为策略，企业生产员工的策略选择不受企业安全监管人员的策略选择影响，与其无关。

当$fL<c$，即企业生产员工不遵守生产操作规范执行不安全行为时，发生事故的期望损失小于执行安全行为时的成本，且$y>\dfrac{c-fL}{A}$时，$Ay+fL-c>0,\ F'(x_1^*)>0,\ F'(x_2^*)<0$，故$x_2^*=1$为演化稳定均衡点，博弈的结果为：经过长期的反复博弈，有限理性的企业生产员工选择遵守生产操作规范执行安全行为策略。复

制动态方程的相位图如图 4.1 所示，由图 4.1 能得出，除了 $x_1^* = 0$ 以外，该博弈从其他所有初始情况出发的复制动态过程，所有的博弈方最终都会趋向于执行安全行为，也就是 $x_2^* = 1$。换句话说，$x_1^* = 0$ 和 $x_2^* = 1$ 是上述复制动态的两个稳定状态，但 $x_2^* = 1$ 是对应大多数初始状态的稳定状态。但是这并不排除博弈方还会“犯错误”，也就是博弈方的期望得益远远低于犯错误的博弈方，也远远低于群体平均得益，因此犯错误的博弈方会逐渐改正错误，最终仍然会趋向于 $x_2^* = 1$，即所有博弈方都采用遵守生产操作规范执行安全行为的策略。

当 $fL < c$ 且 $y < \dfrac{c - fL}{A}$ 时，$Ay + fL - c < 0,\ F'(x_1^*) < 0,\ F'(x_2^*) > 0$，故 $x_1^* = 0$ 为演化稳定均衡点，博弈的结果为：经过长期反复博弈，有限理性的企业生产员工选择不遵守生产操作规范执行不安全行为策略，复制动态方程的相位图如图 4.2 所示。

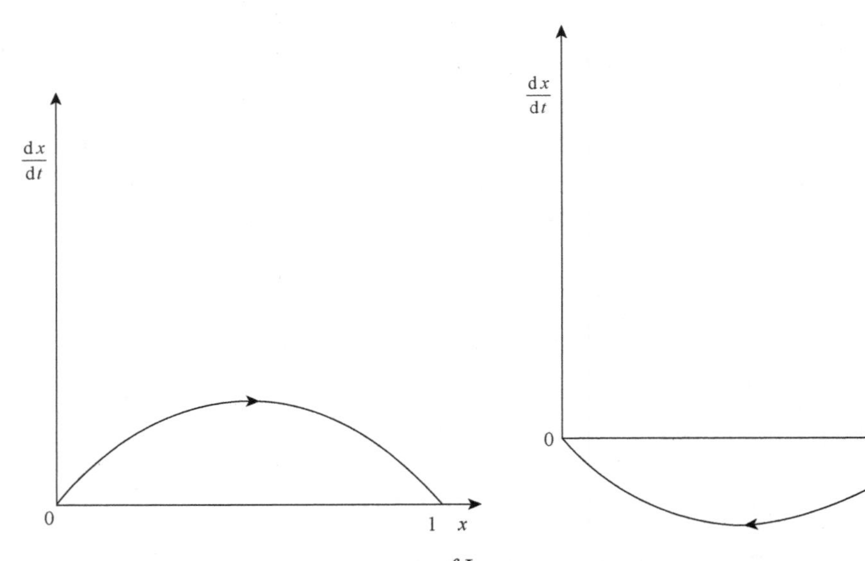

图 4.1　博弈复制动态方程相位图 $y > \dfrac{c - fL}{A}$　　图 4.2　博弈复制动态方程相位图 $y < \dfrac{c - fL}{A}$

上述的分析表明，当企业生产员工不遵守生产操作规范执行不安全行为的期望事故损失之和大于执行安全行为所付出成本时，无论企业安全监管人员是否监管，有限理性的企业生产员工都会选择执行安全行为的策略；当企业生产员工不遵守生产操作规范执行不安全行为的期望事故损失之和小于执行安全行为所付出成本时，企业生产员工的策略选择取决于并依赖于企业安全监管人员的策略选择，企业安全监管人员选择监管策略的概率越小，企业生产员工选择执行不安全行为策略的可能性也越大；反之，企业安全监管人员选择监管策略的概率越大，企业生产员工则越可能选择执行安全行为的策略。

2. 安全监管人员行为策略的演化稳定分析

根据复制动态方程式（4-9）可以得出，当 $x=\dfrac{A+fD-Y}{A+fD}$，式（4-9）等于 0，意味着所有的 y 都是稳定状态。当 $x\neq\dfrac{A+fD-Y}{A+fD}$ 时，令式（4-9）等于 0，从中可以解出两种可能的稳定状态 $y_1^*=0, y_2^*=1$。

演化稳定策略对于一个稳定状态具有抗扰动的功能的要求，用公式的形式可表达为

$$F'(y)=\mathrm{d}F(Y)/\mathrm{d}Y<0 \tag{4-12}$$

对式（4-9）求导，得

$$F'(y)=\mathrm{d}F(Y)/\mathrm{d}Y=(1-2y)[A+fD-Y-x(A+fD)] \tag{4-13}$$

以下根据 $F'(y^*)$ 的正负情况来分析企业安全监管人员的演化稳定均衡状态，根据微分方程的稳定性定理及演化策略的性质，当 $F'(y^*)<0$ 时，y^* 为演化稳定策略。

若 $A+fD<Y$，企业安全监管人员的监管成本费用 Y 大于其进行监管检查出企业生产员工执行不安全行为对企业生产员工所收罚款 A 与不执行监管发生事故时企业安全监管人员所受损失之和 $(A+fD)$，此时，$A+fD-Y-x(A+fD)<0$, $F'(y_1^*)<0$, $F'(y_2^*)>0$, $y_1^*=0$ 为演化稳定均衡点，博弈的分析结果为：有限理性的企业安全监管人员选择不执行监管，其策略的选择与企业生产员工策略的选择无关，亦不依赖于企业生产员工策略的选择。

若 $A+fD>Y$，即企业安全监管人员的监管成本 Y 小于其进行监管检查出企业生产员工执行不安全行为对企业生产员工所收罚款 A 与不执行监管发生事故时所承受损失之和 $(A+fD)$，且 $x>\dfrac{A+fD-Y}{A+fD}$ 时，$F'(y_1^*)<0$, $F'(y_2^*)>0$，故 $y_1^*=0$ 为演化稳定均衡点，博弈的分析结果为：有限理性的企业安全监管人员选择不执行监管的策略。其复制动态方程的相位图如图 4.3 所示。

若 $A+fD>Y$ 且 $x<\dfrac{A+fD-Y}{A+fD}$ 时，$F'(y_1^*)>0$, $F'(y_2^*)<0$，故 $y_2^*=1$ 为演化稳定均衡点，即经过反复博弈过程及长期演化，有限理性的企业安全监管人员选择监管策略。其复制动态方程的相位图如图 4.4 所示。

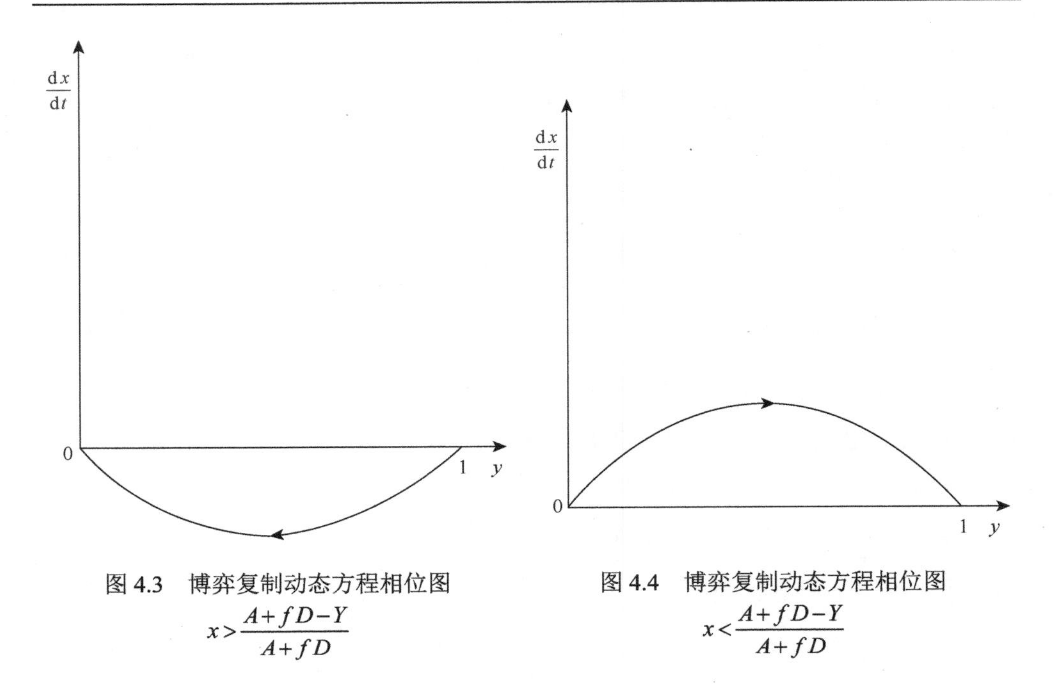

图 4.3　博弈复制动态方程相位图 $x>\dfrac{A+fD-Y}{A+fD}$

图 4.4　博弈复制动态方程相位图 $x<\dfrac{A+fD-Y}{A+fD}$

上述的分析表明，当企业安全监管人员执行监管的成本大于其执行检查时所收罚款与不执行监管时发生事故所受损失之和，无论企业生产员工是否按照安全操作规程进行生产，有限理性的企业安全监管人员都会选择不执行监管的策略；当企业安全监管人员执行监管的成本小于其执行监管时所收罚款与不执行监管时发生事故所受损失之和时，有限理性的企业安全监管人员的策略选择依赖于企业生产员工执行安全行为的概率，企业生产员工选择遵守安全生产操作规程执行安全行为的概率越大，企业安全监管人员选择不执行监管策略的可能性也越大；反之，企业生产员工选择不遵守安全生产操作规程执行不安全行为的概率越大，企业安全监管人员越可能选择执行监管策略。

由图 4.1 和图 4.2 可以看出，x 的动态趋势及稳定性，由图 4.3 和图 4.4 能够看出 y 的动态趋势及稳定性。根据上述分析，可以把两个群体类型比例变化复制动态的关系，在以两个比例为坐标的坐标平面图上表示出来，如图 4.5 所示，该图描述了企业安全监管人员与企业生产员工博弈的动态演化过程。

根据图 4.5 中反映的复制动态和稳定性可以看出，区域Ⅰ收敛于 (0,1) 点，区域Ⅱ收敛于 (0,0) 点，区域Ⅲ收敛于 (1,0) 点，区域Ⅳ收敛于 (1,1) 点。

当 $(x,y)\in\left[(0,0),\left(\dfrac{A+fD-Y}{A+fD},\dfrac{c-fL}{A}\right)\right]$ 时，$x=0,y=1$ 是收敛的平衡点，即执行不安全行为、执行监管是企业生产员工和企业安全监管人员的最优选择。

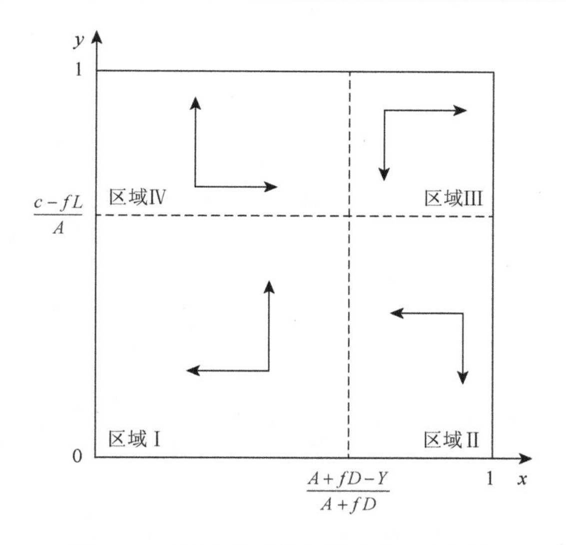

图 4.5　两博弈方群体复制动态和稳定性

当 $(x,y)\in\left[\left(\frac{A+fD-Y}{A+fD},0\right),\left(1,\frac{c-fL}{A}\right)\right]$ 时，$x=0,y=0$ 是收敛的平衡点，即执行不安全行为、不执行监管是企业生产员工和企业安全监管人员的最优选择。

当 $(x,y)\in\left[\left(\frac{A+fD-Y}{A+fD},\frac{c-fL}{A}\right),(1,1)\right]$ 时，$x=1,y=0$ 是收敛的平衡点，即执行安全行为、不执行监管是企业生产员工和企业安全监管人员的最优选择。

当 $(x,y)\in\left[\left(0,\frac{c-fL}{A}\right),\left(\frac{A+fD-Y}{A+fD},1\right)\right]$ 时，$x=1$，$y=1$ 是收敛的平衡点，即执行安全行为、执行监管是企业生产员工和企业安全监管人员的最优选择。

3. 企业生产员工与企业安全监管人员策略的演化稳定分析

虽然由 $\frac{dx}{dt}=0$ 解出的复制动态方程的解是平衡点，代表着博弈方采用的特定策略的比例达到了一个不会改变的水平，但是并没有说明复制动态方程到底趋向于哪个平衡点，它取决于由复制动态方程得出的雅可比矩阵的行列式和秩在相应区间的正负情况。若由稳定性分析推出该点是稳定的，那么它就是相应的演化稳定策略。

式（4-5）和式（4-9）构成了整个企业生产员工与企业安全监管人员的博弈进化系统，该系统的复制动态方程有两个，如下所示：

$$\begin{cases} \dfrac{\mathrm{d}x}{\mathrm{d}t} = U_t = x(1-x)(Ay + fL - c) \\ \dfrac{\mathrm{d}y}{\mathrm{d}t} = V_t = y(1-y)[(A + fD - Y) - x(A + fD)] \end{cases} \tag{4-14}$$

即企业生产员工与企业安全监管人员博弈的演化可以用式（4-14）描述。

由式（4-5）和式（4-9）可得，该系统有五个均衡点，分别是：(0, 0), (0, 1), (1, 1), (0, 1), $\left(\dfrac{A+fD-Y}{A+fD}, \dfrac{c-fL}{A}\right)$，仅当$0 \leqslant \dfrac{A+fD-Y}{A+fD} \leqslant 1, 0 \leqslant \dfrac{c-fL}{A} \leqslant 1$时，成立。根据 Friedman 提出的方法，一个由微分方程系统描述的群体动态，其均衡点的稳定性可以由该系统的雅可比矩阵的局部稳定性分析得到（张维迎，2004）。雅可比矩阵反映一个可微方程与给定点的最优线性逼近（谢识予，2001）。通过分析该系统的雅可比矩阵，可以判断该系统的均衡点是否为稳定点 EES，当雅可比矩阵的行列式与迹异号时表明该系统的均衡点为 EES。

分别对U_t和V_t中的x和y求导，得到稳定策略的雅可比矩阵为

$$J = \begin{bmatrix} (1-2x)(fL + Ay - c) & Ax(1-x) \\ -y(1-y)(A + fD) & (1-2y)[(A + fD - Y) - x(A + fD)] \end{bmatrix} \tag{4-15}$$

由式（4-15）可知，矩阵J的行列式为

$$\begin{aligned} \det J = (1-2x)(fL + Ay - c)(1-2y)[(A + fD - Y) \\ - x(A + fD)] + Ax(1-x)y(1-y)(A + fD) \end{aligned} \tag{4-16}$$

矩阵J的迹为

$$\mathrm{tr}J = (1-2x)(fL + Ay - c) + (1-2y)[(A + fD - Y) - x(A + fD)] \tag{4-17}$$

根据雅可比矩阵的局部稳定性分析方法，以及企业安全监管人员和企业生产员工执行各自行为成本的变化，本书归纳得出在以下六种情况下双方的博弈行为策略选择，并做出相应具体分析。

（1）企业生产员工执行安全行为低成本、企业安全监管人员监管高成本的博弈行为

当$c < fL$，并且$Y > (A + fD)$时，复制动态方程的平衡点分别是：$O(0,0)$, $A(1,0)$, $B(1,1)$, $C(0,1)$，这些平衡点的矩阵迹的值、行列式及其正负性见表 4.2。

表 4.2　监管高成本、企业生产员工低成本时的演化稳定结果分析

平衡点	$\det J$	$\det J$ 符号	$\mathrm{tr}J$	$\mathrm{tr}J$ 符号	局部稳定性
$x=0, y=0$	$(fL-c)(A+fD-Y)$	<0	$(fL-c)+(A+fD-Y)$		鞍点
$x=1, y=0$	$(fL-c)Y$	>0	$-(fL-c)Y$	<0	EES
$x=1, y=1$	$-(fL+A-c)Y$	<0	$-(fL+A-c)+Y$		鞍点
$x=0, y=1$	$-(fL+A-c)(A+fD-Y)$	>0	$(fL+A-c)-(A+fD-Y)$	>0	不稳定点

表 4.2 所反映的相图如图 4.6 所示，通过分析该情况下的相图及雅可比行列式得到，系统模型在该情况下的稳定点是 $A(1,0)$ 。该情形表明：当企业生产员工进行安全作业（即执行安全行为）的成本小于发生事故的期望损失时（即企业生产员工执行安全行为低成本），企业生产员工选择遵守安全生产规范，执行安全行为；此时，企业安全监管人员高监管成本的情况下，企业安全监管人员的行为策略选择是不监管，表明其宁愿冒着承担处罚的危险，也会放弃对监管高成本的支付。

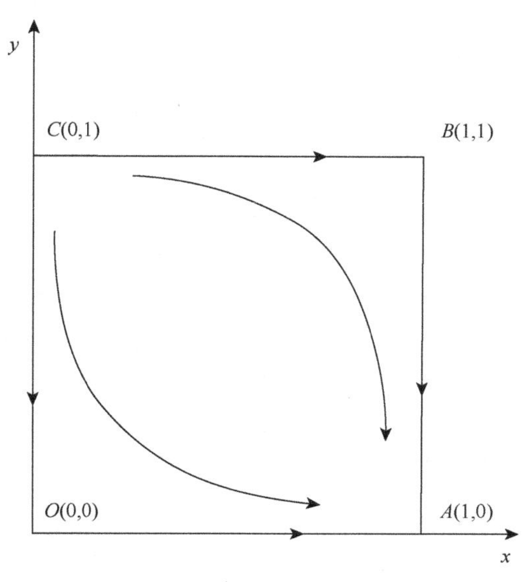

图 4.6　$c < fL, Y > (A + fD)$

（2）企业生产员工与企业安全监管人员双方低成本的博弈行为

当 $c < fL$ ，并且 $Y < (A + fD)$ 时，复制动态方程的平衡点与（1）情况相同，它们分别是：$O(0,0)$, $A(1,0)$, $B(1,1)$, $C(0,1)$ ，这些平衡点的矩阵迹的值、行列式及其正负性见表 4.3。

表 4.3　双方低成本时的演化稳定结果分析

平衡点	$\det J$	$\det J$ 符号	$\mathrm{tr}J$	$\mathrm{tr}J$ 符号	局部稳定性
$x=0, y=0$	$(fL-c)(A+fD-Y)$	>0	$(fL-c)+(A+fD-Y)$	>0	不稳定点
$x=1, y=0$	$(fL-c)Y$	>0	$-(fL-c)-Y$	<0	EES
$x=1, y=1$	$-(fL+A-c)Y$	<0	$-(fL+A-c)+y$		鞍点
$x=0, y=1$	$-(fL+A-c)(A+fD-Y)$	<0	$(fL+A-c)-(A+fD-Y)$		鞍点

表 4.3 所反映的相图如图 4.7 所示，经过分析可知，系统模型在该情形下的稳定点是 $A(1,0)$ 。该情形说明：企业生产员工进行安全作业，即执行安全行为，而企业安全监管人员选择不监管。这种情形状态固然能减少因为企业生产员工不安全行为导致安全生产事故的发生，但由于企业安全监管人员长时间不对企业生产员工进行监管，容易导致企业生产员工为了能从执行不安全行为中获得较多的利益，选择不执行安全生产操作规程，执行不安全行为，进而可能造成更多安全生产事故的发生。

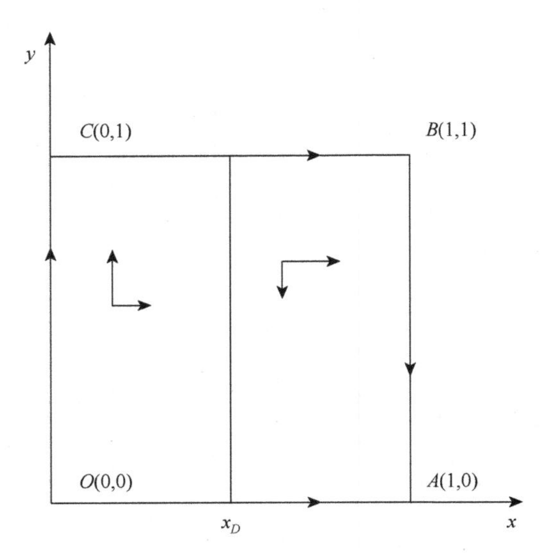

图 4.7　$c < fL, Y < (A + fD)$

综合上述（1）、（2）两种情形可以总结得出：当 $c < fL$ 时，系统收敛于 $(1,0)$，即当企业生产员工执行安全行为低成本时，企业生产员工选择遵守安全生产规范，执行安全行为；而无论企业安全监管人员监管成本高低，企业安全监管人员都选择不监管。

（3）企业安全监管人员监管低成本、企业生产员工执行安全行为高成本的博弈行为

当 $Y < (A + fD)$，且 $c > (fL + A)$ 时，复制动态方程的平衡点与（1）、（2）情况相同，它们分别是：$O(0,0)$, $A(1,0)$, $B(1,1)$, $C(0,1)$，这些平衡点的矩阵迹的值、行列式及其正负性见表 4.4。

表 4.4　监管低成本、企业生产员工高成本时的演化稳定结果分析

平衡点	$\det J$	$\det J$ 符号	$\mathrm{tr}J$	$\mathrm{tr}J$ 符号	局部稳定性
$x=0,y=0$	$(fL-c)(A+fD-Y)$	<0	$(fL-c)+(A+fD-Y)$		鞍点
$x=1,y=0$	$(fL-c)Y$	<0	$-(fL-c)-Y$		鞍点
$x=1,y=1$	$-(fL+A-c)Y$	>0	$-(fL+A-c)+Y$	>0	不稳定点
$x=0,y=1$	$-(fL+A-c)(A+fD-Y)$	>0	$(fL+A-c)-(A+fD-Y)$	<0	EES

表 4.4 所反映的相图如图 4.8 所示，经分析可知，系统模型在该情形下的稳定点是$C(0,1)$，即企业生产员工安全行为高成本、企业安全监管人员监管低成本时，企业生产员工选择不安全行为，企业安全监管人员选择监管策略。该情形说明：当$Y<(A+fD)$，且$c>(fL+A)$时，即企业生产员工执行安全行为的成本大于其不执行安全行为被处罚所缴纳罚金与发生事故的期望损失之和，企业生产员工执行安全行为需要支付高成本，可通过执行不安全行为获得收益，故其宁愿冒着被处罚的风险而选择不安全行为策略；由于企业安全监管人员监管的成本低，并且企业安全监管人员能够在执行监管职能中获取较多收益，因此其将选择执行监管的行为策略。

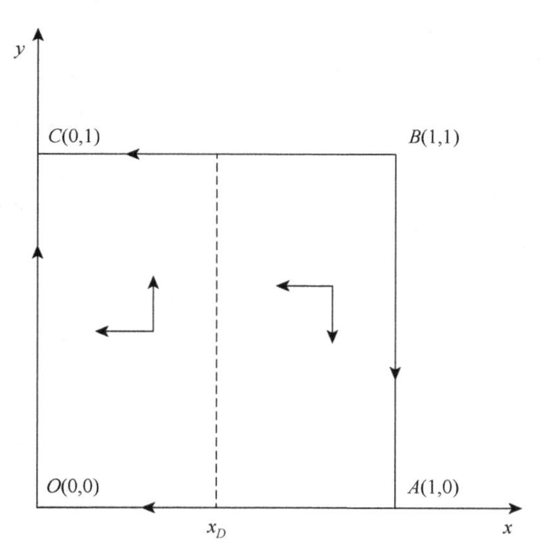

图 4.8　$c>(fL+A),Y<(A+fD)$

上述情形（3）可以总结得出：当$Y<(A+fD)$，且$c>(fL+A)$时，系统收敛于$(0,1)$，即当企业生产员工执行安全行为高成本、监管低成本时，企业生产员工选择不安全行为策略，企业安全监管人员将选择监管策略。

（4）企业安全监管人员与企业生产员工双方高成本时的博弈行为

由式（4-11）可知，当 $Y>(A+fD)$，并且 $c>(fL+A)$ 时，复制动态方程有四个平衡点，它们分别为 $O(0,0)$, $A(1,0)$, $B(1,1)$, $C(0,1)$，这些平衡点的矩阵迹的值、行列式及其正负性见表 4.5。

表 4.5 双方高成本时的演化稳定结果分析

平衡点	$\det J$	$\det J$ 符号	$\mathrm{tr}J$	$\mathrm{tr}J$ 符号	局部稳定性
$x=0,y=0$	$(fL-c)(A+fD-Y)$	>0	$(fL-c)+(A+fD-Y)$	<0	EES
$x=1,y=0$	$(fL-c)Y$	<0	$-(fL-c)-Y$		鞍点
$x=1,y=1$	$-(fL+A-c)Y$	>0	$-(fL+A-c)+Y$	>0	不稳定点
$x=0,y=1$	$-(fL+A-c)(A+fD-y)$	<0	$(fL+A-c)-(A+fD-Y)$		鞍点

表 4.5 所对应的相图如图 4.9 所示，经过分析该情况下的相图及雅可比行列式得到，系统模型在该情况下的稳定点是 $O(0,0)$。该图表明：当企业安全监管人员监管成本大于对发生不安全行为企业生产员工所收罚款与其不履行监管职能发生事故而所受处罚之和时，企业安全监管人员宁可选择不监管；当企业生产员工进行安全作业（即执行安全行为）的成本，大于其执行不安全行为而所缴纳罚金与发生事故的期望损失之和时，企业生产员工宁愿选择不安全行为策略。

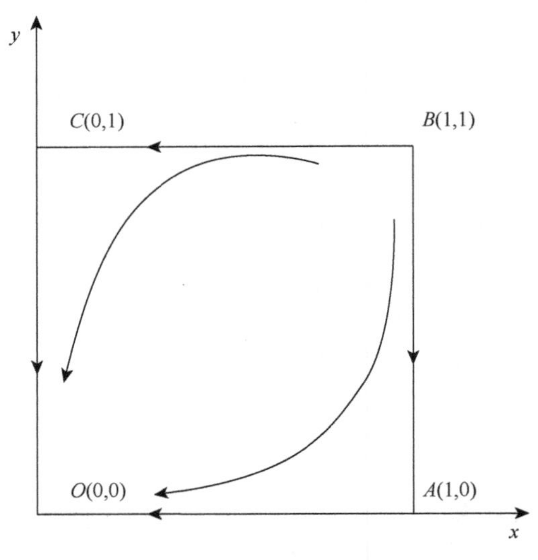

图 4.9　$c>(fL+A)$, $Y>(A+fD)$

（5）企业安全监管人员监管高成本、企业生产员工执行安全行为中间成本的博弈行为

当 $Y>(A+fD)$，且 $fL\leqslant c\leqslant(fL+A)$ 时，复制动态方程平衡点的情况，与（4）、（5）提到的两种情况相同，它们分别是：$O(0,0)$, $A(1,0)$, $B(1,1)$, $C(0,1)$。这些平衡点的矩阵迹的值、行列式及其正负性见表 4.6。

表 4.6　监管高成本、企业生产员工中间成本时的演化稳定结果分析

平衡点	$\det J$	$\det J$ 符号	$\mathrm{tr}J$	$\mathrm{tr}J$ 符号	局部稳定性
$x=0,y=0$	$(fL-c)(A+fD-Y)$	>0	$(fL-c)+(A+fD-Y)$	<0	EES
$x=1,y=0$	$(fL-c)Y$	<0	$-(fL-c)-Y$		鞍点
$x=1,y=1$	$-(fL+A-c)Y$	>0	$-(fL+A-c)+Y$	>0	不稳定点
$x=0,y=1$	$-(fL+A-c)(A+fD-Y)$	<0	$(fL+A-c)-(A+fD-Y)$		鞍点

表 4.6 所对应的相图如图 4.10 所示。经分析可知，系统模型在该情形下的稳定点是 $O(0,0)$。企业安全监管人员处于高监管成本状态时，即企业安全监管人员选择不监管；当企业生产员工执行安全行为的成本小于不执行安全行为所缴纳罚金与安全事故发生的期望损失之和，而又大于安全事故发生的期望损失，即处于中间状态，企业生产员工的行为策略选择则会呈现为混合状态，即企业生产员工可能选择执行安全行为，亦可能选择执行不安全行为，但最终企业生产员工都会向不安全行为演化。

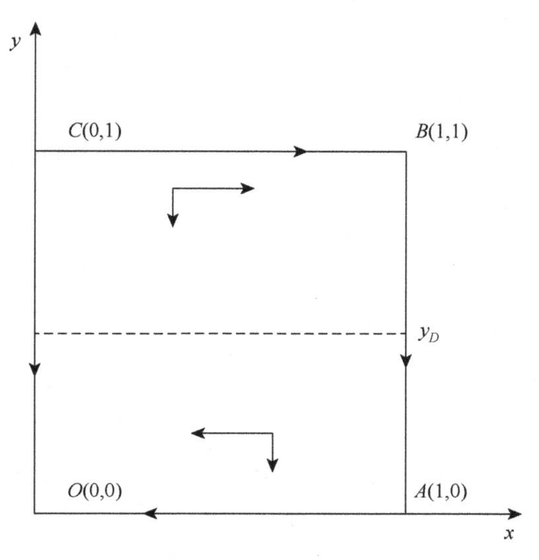

图 4.10　$fL\leqslant c\leqslant(fL+A)$, $Y>(A+fD)$

上述（4）、（5）两种情形可以总结得出：当$c > fL$，并且$Y > (A + fD)$时，系统收敛于$(0,0)$，即当企业生产员工执行安全行为高成本、企业安全监管人员监管高成本时，企业生产员工选择不遵守安全生产规范，执行不安全行为，企业安全监管人员选择不监管策略。

（6）企业安全监管人员监管低成本、企业生产员工执行安全行为中间成本的博弈行为

当$Y < (A + fD)$，并且$fL \leqslant c \leqslant (fL + A)$时，复制动态方程有五个平衡点，它们分别是：$O(0,0)$, $A(1,0)$, $B(1,1)$, $C(0,1)$, $D(x_D, y_D)$。其中，

$$x_D = \frac{A + fD - Y}{A + fD} \tag{4-18}$$

$$y_D = \frac{c - fL}{A} \tag{4-19}$$

这些平衡点的矩阵迹的值、行列式及其正负性见表 4.7。从表 4.7 中可以看出，$D(x_D, y_D)$点的迹值为 0，所以$D(x_D, y_D)$是中心点。这种情况说明：企业生产员工与企业安全监管人员都在本位利益的驱动下，各自均采用了混合策略，即企业生产员工可能选择安全行为策略，也可能选择不安全行为策略，企业安全监管人员可能选择监管策略，也可能选择不监管策略。其对应的相图如图 4.11 所示。

表 4.7　监管低成本、企业生产员工中间成本情况下的稳定结果

平衡点	$\det J$	$\det J$ 符号	$\mathrm{tr}J$	$\mathrm{tr}J$ 符号	局部稳定性
$x=0, y=0$	$(fL-c)(A+fD-Y)$	<0	$(fL-c)+(A+fD-Y)$		鞍点
$x=1, y=0$	$(fL-c)Y$	<0	$-(fL-c)-Y$		鞍点
$x=1, y=1$	$-(fL+A-c)Y$	>0	$-(fL+A-c)+Y$	>0	不稳定点
$x=0, y=1$	$-(fL+A-c)(A+fD-Y)$	<0	$(fL+A-c)-(A+fD-Y)$		鞍点
$x=x_D, y=y_D$	$A_{x_D}(1-x_D)(A+fD)_{yD}(1-y_D)$	>0	0		中心点

五、总结

本节对演化博弈用于研究安全行为监管的框架和适用性进行了分析，通过构建“企业安全监管人员-企业生产员工”之间的演化博弈模型，并对企业安全监管人员和企业生产员工的动态演化过程进行分析，讨论了企业生产员工执行安全行为成本、企业安全监管人员监管成本，处罚力度、事故损失等关键因素对均衡结果的影响，得出在六种情形下双方的行为策略选择与稳定状态，得出以下结论。

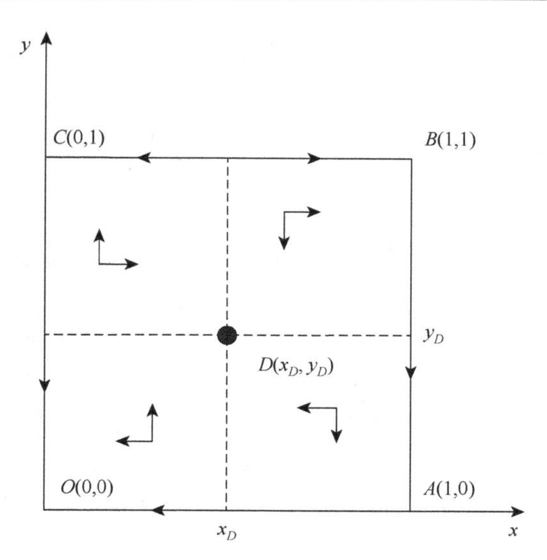

图 4.11　$fL \leqslant c \leqslant (fL+A),\ Y<(A+fD)$

1）企业安全监管人员是否执行安全监管任务与其进行安全监管支付的成本、检查出企业生产员工执行不安全行为所缴收的罚款，以及由于监管不力造成事故发生所接受的处罚有关。当企业安全监管人员执行监管的成本大于其执行监管时所缴收罚款与不执行监管时发生事故所受损失之和时，无论企业生产员工是否按照安全操作规程进行生产，有限理性的企业安全监管人员都会选择不执行监管的策略；当企业安全监管人员执行监管的成本小于其执行监管时所缴收罚款与不执行监管时发生事故所受损失之和时，有限理性的企业安全监管人员的策略选择依赖于企业生产员工执行安全行为的概率，企业生产员工选择遵守安全生产操作规程执行安全行为的概率越大，企业安全监管人员选择不执行监管策略的可能性也越大；反之，企业生产员工选择不遵守安全生产操作规程执行不安全行为的概率越大，企业安全监管人员越可能选择执行监管策略。

2）企业生产员工是否遵守安全生产操作规范执行安全行为与其执行安全行为所支付成本、期望事故损失及被检查出违规操作所交的罚款有关。当企业生产员工不遵守生产操作规范，执行不安全行为的期望事故损失之和大于执行安全行为所付出成本时，无论企业安全监管人员是否监管，有限理性的企业生产员工都会选择执行安全行为的策略。当企业生产员工不遵守生产操作规范，执行不安全行为的期望事故损失之和小于执行安全行为所付出成本时，企业生产员工的策略选择取决于并依赖于企业安全监管人员的策略选择，企业安全监管人员选择监管策略的概率越小，企业生产员工选择执行不安全行为策略的可能性也越大；反之，企业安全监管人员选择监管策略的概率越大，企业生产员工则越可能选择执行安全行为的策略。

3）减少企业监管人员对企业生产员工进行安全监察的成本将会有利于企业安全监管人员对企业生产员工认真执行安全监管工作；减少企业生产员工执行安全行为的所支付的成本，降低其执行不安全行为的收益，将会促使企业生产员工遵守安全操作规程执行安全行为。

第二节　演化博弈模型 MATLAB 仿真及结果分析

MATLAB 是一个集数值分析、数据处理、数字图像处理、矩阵计算和仿真分析等功能于一体的数学软件。MATLAB 由英文 Matrix 和 Laboratory 的字母组成，对应矩阵和实验室的解释，是功能强大的数据处理软件，函数功能丰富，可对实验数据进行公式计算、作图分析，直观可视。MATLAB 通过高效的数据计算处理功能和简单编程语言的运用，可以将数据转化成图形表现出来，更直观方便地对数据进行分析。本章第一节已经建立了企业安全监管人员与企业生产员工之间行为演化博弈模型，因此，可以考虑通过 MATLAB 对演化博弈模型中企业生产员工和企业安全监管人员行为演化进行仿真分析，对影响博弈双方的行为策略选择的因素进行参数设置，从而得到演化博弈过程中，企业生产员工和企业安全监督人员最终如何选择自己的策略，以及企业安全监管人员如何影响企业生产员工的行为策略选择；另外，利用 MATLAB 的矩阵运算特点，通过计算博弈支付矩阵来进行数值验证，并对最终结果进行分析，从而确定演化稳定策略的稳定点，研究参数值如何变化能够使博弈双方行为在动态演化过程中朝着理想状态发展。

一、参数值变化对企业生产员工行为演化结果影响及仿真分析

在本章第一节中，通过构建企业生产员工安全行为监管的演化博弈模型，提出了模型假设。基于企业生产员工行为策略的演化稳定分析，得出了影响演化稳定状态变化的关键影响因素，根据关键影响因素设置参数值，分析参数值的变化如何影响博弈双方中企业生产员工的行为策略选择，分别对演化博弈模型中企业生产员工执行安全行为时的成本 c 和企业生产员工缴纳罚款 A 两种关键影响因素进行参数值的设置，通过 MATLAB 仿真分析探讨参数值的变化对企业生产员工的行为策略选择的影响。

1. 执行安全行为时的成本 c 的变化对企业生产员工行为演化结果的影响

假设博弈的双方设置的重视安全生产的企业生产员工比例均为 0.25，即设企业生产员工中选择执行安全行为策略的人数比例 x 和企业安全监管人员选择执行监管策略的人数比例 y 的初始值都为 0.25；假设设置的其他参数初始值分别为：

$f=0.2, L=5, A=4, Y=5, D=4$，其中，$f$ 表示企业生产员工的不安全行为导致安全生产事故发生的概率；L 表示安全生产事故发生企业生产员工所要承担的相应损失；Y 表示节省的监管成本费用；A 表示企业生产员工缴纳罚款；D 表示企业安全监管人员接受处罚的罚款。通过 MATLAB 进行重复博弈仿真，为确保分析过程中观察的准确性，选取其中五个值为观测点，探究当企业生产员工执行安全行为时的成本 c 逐渐增大时，企业生产员工的行为策略选择将如何变化。

从图 4.12 可以看出，随着执行安全行为时的成本 c 的逐渐增大，x 的值逐渐收敛于 0，即随着执行安全行为时的成本 c 的逐渐增大，企业生产员工逐渐趋于选择执行不安全行为策略。同时，从图 4.12 中可以发现，在 $c=1.9$ 附近存在一个临界值，当 c 大于该临界值时，x 收敛于 0，且随着 c 的不断增大，x 收敛于 0 的速度也在不断加快；当 c 小于该临界值时，x 收敛于 1，且随着 c 的不断减小，x 收敛于 1 的速度也在不断加快。从 MATLAB 仿真结果来看，随着执行安全行为时的成本 c 的减少，企业生产员工在生产过程中更趋向于选择遵守生产操作规范。由此可得，降低执行安全行为时的成本 c 确实能够促使企业生产员工遵守安全生产操作规程，进而执行安全行为，这也验证了本章第一节中所得结论。

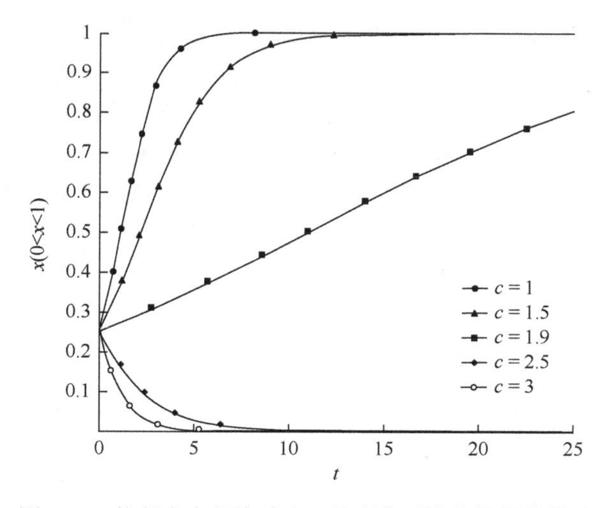

图 4.12　执行安全行为成本 c 的变化对演化结果的影响

企业可通过制定合理的降低企业生产员工执行安全行为时的成本 c，促使企业生产员工遵守安全操作规范，减少不安全行为的发生。企业生产员工执行安全行为时的成本的多少直接影响到企业生产员工执行安全行为时所获收益，过高的企业生产员工执行安全行为成本使企业生产员工为了获得额外收益而选择执行不安全行为策略，过低的企业生产员工执行安全行为时的成本不利于企业管理。企业生产员工执行安全行为时的成本 c 为多少的制定要根据现实情况中其他参数的大小，制定合理参数的大小，使博弈双方的行为策略选择都能趋于理想结果。

2. 企业生产员工缴纳罚款 A 的变化对企业生产员工演化结果的影响

假设博弈双方设置的重视安全的人员比例均为 0.25，即设企业生产员工中选择执行安全行为策略的人数比例 x 和企业安全监管人员选择执行监管策略的人数比例 y 的初始值都为 0.25；假设设置的其他参数初始值分别为 $c=3,\ f=0.2,\ L=5,\ D=4,\ r=20$，其中，$c$ 表示企业生产员工执行安全行为时的成本；f 表示企业生产员工的不安全行为导致安全生产事故发生的概率；L 表示安全生产事故发生企业生产员工所要承担的相应损失；D 表示企业安全监管人员接受处罚的罚款；r 表示企业生产员工正常作业时所获得的收益。通过 MATLAB 进行重复博弈仿真，为确保分析过程中观察的准确性，选取其中五个值为观测点，探究当企业安全监管人员对企业生产员工缴收罚款 A 逐渐增大时，企业生产员工的行为策略选择将如何变化。

从图 4.13 可以看出，随着企业安全监管人员对违规操作企业生产员工缴收的罚款 A 逐渐减少，x 逐渐收敛于 0，即随着企业生产员工缴纳罚款 A 的逐渐减少，企业生产员工逐渐选择执行不安全行为策略。同时在 $A=7$ 和 $A=8.5$ 之间存在一个临界值，当 A 大于该临界值时，x 收敛于1，且 A 的增大能够加快 x 收敛于1的速度；当 A 小于该临界值时，x 收敛于0，且 A 的减小能够加快 x 收敛于 0 的速度。从 MATLAB 仿真结果来看，随着企业生产员工缴纳罚款的增加，企业生产员工在生产过程中更趋向于选择遵守生产操作规范。由此可得，适当增大企业生产员工缴纳罚款 A 确实能够促使更多的企业生产员工执行安全行为，重视安全生产。

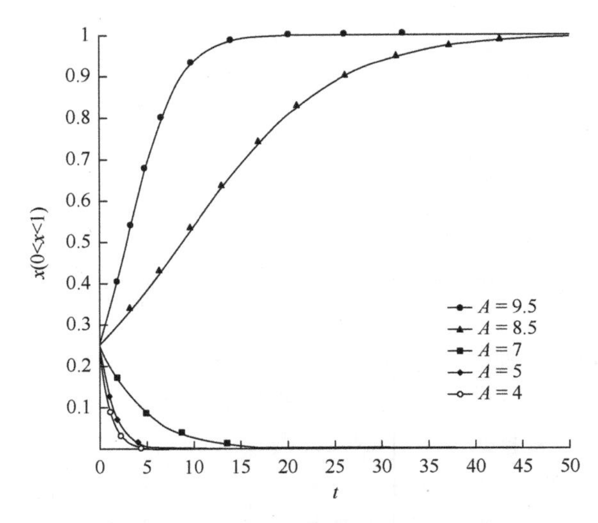

图 4.13　对企业生产员工缴纳罚款 A 的变化对演化结果的影响

企业可通过制定合理的对企业生产员工缴收的罚款 A，促使企业生产员工遵守安全操作规范，减少不安全行为的发生。罚款的多少直接影响到监管效果，过高的罚款使企业生产员工为了逃避责任追究而掩盖事实，过低的罚款起不到警示的作用。罚款多少的制定要根据现实情况中其他参数的大小，制定合理参数的大小，使博弈双方的行为策略选择都能趋于理想结果。

二、参数值变化对企业安全监管人员行为演化结果影响及仿真分析

根据本章第一节中的企业生产员工安全行为监管的演化博弈模型，基于该模型假设中对企业安全监管人员行为策略的演化稳定分析，得出了影响企业安全监管人员演化稳定状态变化的关键性影响因素，根据关键性影响因素设置参数值，分析参数值的变化如何影响博弈双方中企业安全监管人员的行为策略选择。将演化博弈模型中节省的监管成本费用 Y 和企业安全监管人员接受处罚的罚款 D 两种关键影响因素分别对其进行参数值的设置，通过 MATLAB 仿真分析探讨参数值的变化对企业安全监管人员的行为策略选择的影响。

1. 监管成本费用 Y 的变化对企业生产员工行为演化结果的影响

假设博弈的双方设置的重视安全生产的企业生产员工比例均为 0.25，即设企业生产员工中选择执行安全行为策略的人数比例 x 和企业安全监管人员选择执行监管策略的人数比例 y 的初始值都为 0.25；假设设置的其他参数初始值分别为 $c=3,\ f=0.2,\ L=5,\ A=4,\ D=4,\ r=20$，其中，$c$ 表示企业生产员工执行安全行为时的成本；f 表示企业生产员工的不安全行为导致安全生产事故发生的概率；L 表示安全生产事故发生企业生产员工所要承担的一定相应损失；A 表示企业生产员工缴纳的罚款；D 表示企业安全监管人员接受处罚的罚款；r 表示企业生产员工正常作业时所获得的收益。通过 MATLAB 进行重复博弈仿真，为确保分析过程中观察的准确性，选取其中五个值为观测点，探究当企业安全监管人员监管成本费用 Y 逐渐增大时，分析企业安全监管人员的行为策略选择将如何变化。

从图 4.14 可以看出，随着监管成本费用 Y 的逐渐增大，y 逐渐收敛于 0，即随着监管成本费用 Y 的逐渐增大，企业安全监管人员逐渐趋向于选择执行不监管策略。同时，从图 4.14 中可以发现，在 $Y=3.5$ 附近存在一个临界值，当 Y 大于该临界值时，y 收敛于 0，且 Y 的增大能够加快 y 收敛于 0 的速度；当 Y 小于该临界值时，y 收敛于 1，且 Y 的减小能够加快 y 收敛于 1 的速度。从 MATLAB 仿真结果来看，随着监管成本费用 Y 的减少，企业安全监管人员在监督管理过程中更趋向于选择对企业生产员工进行监管。由此可得，降低监管成本费用 Y 确实能够促使更多的企业安全监管人员重视安全，进而执行安全监管的任务，这也验证了本章第一节中所得结论。

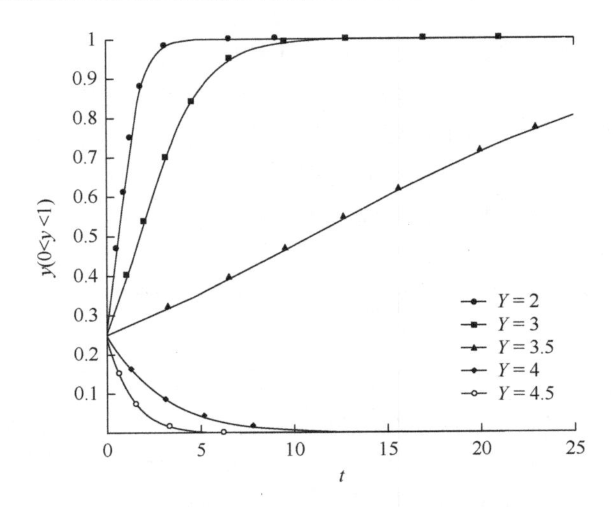

图 4.14 监管成本费用 Y 的变化对演化结果的影响

企业可通过降低企业安全监管人员监管成本费用这一途径，促使企业安全监管人员认真履行安全监察工作，从而及时制止企业生产员工不安全行为的发生。企业可通过运用视频监控系统、违规操作报警系统等安全监控系统，使企业安全监管人员能够从全方位对生产现场的所有企业生产员工进行全生产过程的远程监控，并对不安全状况进行及时自动警报。通过加强技术在监控系统的使用，企业安全监管人员的监管工作变得可控，操作性变强，这会在很大程度上降低安全监管成本费用 Y。

2. 企业安全监管人员接受处罚的罚款 D 的变化对其行为演化结果的影响

假设博弈双方设置的重视安全生产的企业生产员工比例均为 0.25，即设企业生产员工中选择执行安全行为策略的人数比例 x 和企业安全监管人员选择执行监管策略的人数比例 y 的初始值都为 0.25；假设设置的其他参数初始值分别为 $f=0.2, Y=5, A=4$，其中，f 表示企业生产员工的不安全行为导致安全生产事故发生的概率；Y 表示节省的监管成本费用；A 表示企业生产员工缴纳的罚款；通过 MATLAB 进行重复博弈仿真，为确保分析过程中观察的准确性，选取其中五个值为观测点，探究当企业安全监管人员接受处罚的罚款 D 逐渐减小时，企业生产员工的行为策略选择将如何变化。

从图 4.15 可以看出，随着企业安全监管人员接受处罚的罚款 D 逐渐减小，y 逐渐收敛于 0，即随着企业安全监管人员接受处罚的罚款 D 的逐渐减小，企业安全监管人员逐渐选择执行不监管策略。同时在 $D=7$ 与 $D=9$ 之间存在一个临界值，当 D 大于该临界值时，y 收敛于 1，且 D 的增大能够加快 y 收敛于 1 的速度；当 D 小于该临界值时，y 收敛于 0，且 D 的减小能够加快 y 收敛于 0 的速度。从

MATLAB 仿真结果来看，随着企业安全监管人员接受处罚的罚款的减少，企业安全监管人员在监督管理过程中更趋向于选择不对企业生产员工进行监管。由此可见，适当增大企业安全监管人员接受处罚的力度确实能够促使更多的企业安全监管人员重视安全，进而认真履行职责，执行安全监管的任务。

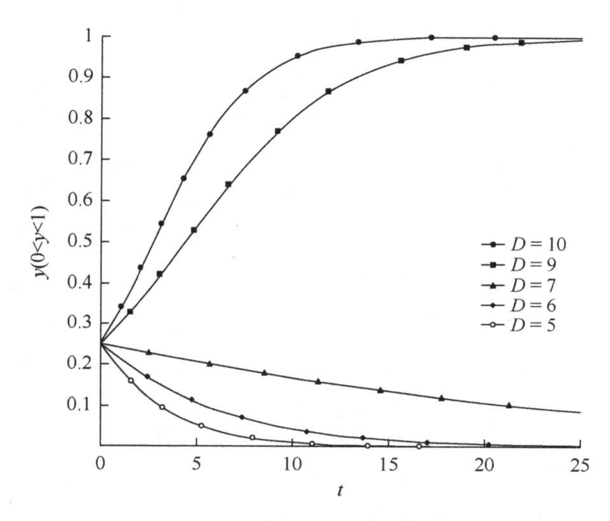

图 4.15　企业安全监管人员接受处罚的罚款 D 的变化对演化结果的影响

企业可通过制定合理的对企业安全监管人员的处罚政策，促使企业安全监管人员认真履行安全监管工作，从而及时制止企业生产员工不安全行为的发生。处罚力度的大小直接影响到监管效果，过大的处罚力度使企业生产员工为了逃避责任追究而掩盖事实，过小的处罚力度起不到监管效果。接受处罚的罚款 D 的制定要根据现实情况中其他参数的大小，制定合理参数的大小，使博弈双方的行为策略选择都能趋于理想结果。

三、企业安全监管人员对企业生产员工行为策略选择的影响分析

演化博弈理论中博弈双方都是有限理性的，博弈双方无法准确知道自己行为策略选择的利害关系，也无法获得博弈对方的信息。为更直观地说明上述关于企业安全监管人员对企业生产员工行为策略演化稳定性的影响分析，接下来将以企业生产员工为算例，对演化博弈过程中的各指标依次进行赋值，并运用 MATLAB 2016a 软件模拟企业生产员工进行策略选择的动态演化过程。

设博弈支付矩阵中各个参数分别如下：$r=20, c=3, f=0.2, L=5, A=4, Y=5, D=5$，其中，$r$ 表示企业生产员工正常作业时所获得的收益；c 表示企业生产员

工执行安全行为时的成本；f 表示企业生产员工的不安全行为导致安全生产事故发生的概率；L 表示安全生产事故发生企业生产员工所要承担的相应损失；A 表示企业生产员工缴纳的罚款；Y 表示节省的监管成本费用；D 表示监管人员接受处罚的罚款。在这种情况下，有

$$fL = 0.2 \times 5 = 1 < c = 3, 0 < \frac{c - fL}{A} = 0.5 < 1$$

此时，若企业安全监管人员选择执行监管策略的人数比例 $y > 0.5$ 时，在本例中取 $y = 0.7$，则得到企业生产员工的策略选择随时间变动的动态演化过程，如图 4.16 所示。由图 4.16 可见，从 $t = 0$ 开始，企业生产员工中选择执行安全行为策略的人数比例 $x(0 < x < 1)$ 的初值不论是多少，随着 t 的逐渐增大，最终都逐渐趋于 1，此结果可以解释为：在企业安全监管人员选择执行监管策略的人数比例 $y > 0.5$ 的情况下，在不同的执行安全行为策略的初始概率下，企业生产员工选择执行安全行为策略的概率最终都会收敛于 1，且收敛速度随着初始概率的增大而加快，即当企业安全监管人员选择执行监管策略的概率＞0.5 时，企业生产员工随着时间的推移，最终将会采取“遵守安全生产操作规范，执行安全行为”策略。若企业安全监管人员选择执行“监管”策略的人数比例 $y < 0.5$ 时，在本例中取 $y = 0.3$，则得到企业生产员工的策略选择随时间变动的动态演化过程，如图 4.17 所示。由图 4.17 可见，从 $t = 0$ 开始，企业生产员工中选择执行安全行为策略的人数比例 $x(0 < x < 1)$ 的初值不论是多少，随着 t 的逐渐增大，最终都逐渐趋于 0，此结果可以解释为：在企业

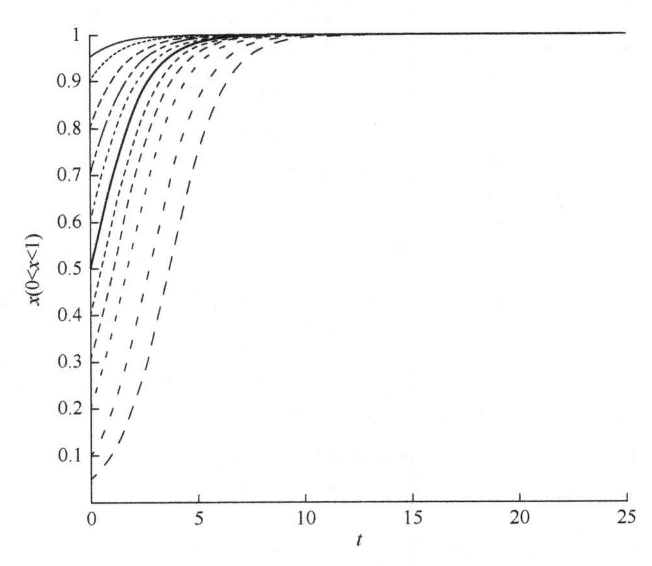

图 4.16 $y = 0.7$ 时企业生产员工策略随时间变动的动态演化过程

$dx/dt = 0.8x(1-x), 0<t<25$

安全监管人员选择执行监管策略的人数比例 $y<0.5$ 的情况下，在不同的执行安全行为策略的初始概率下，企业生产员工选择执行安全行为策略的概率最终都会收敛于 0，且收敛速度随着初始概率的增大而减慢，即当企业安全监管人员选择执行监管策略的概率<0.5 时，企业生产员工随着时间的推移，最终将会采取“不遵守安全生产操作规范，不执行安全行为”策略。

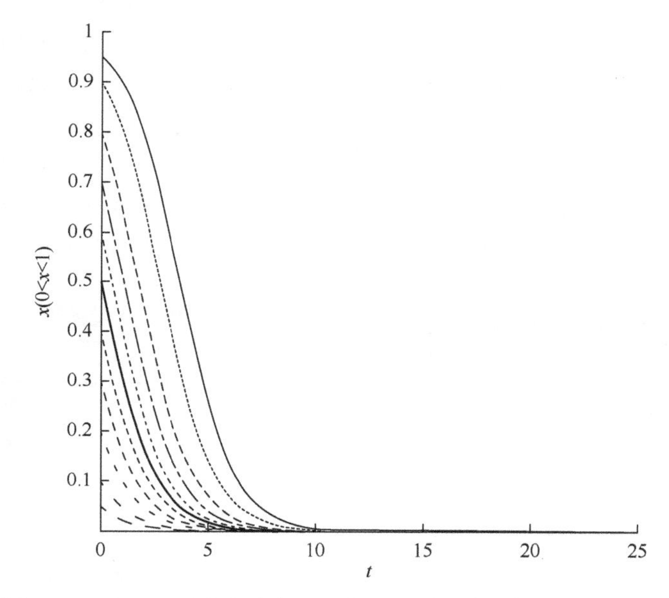

图 4.17　$y=0.3$ 时企业生产员工策略随时间变动的动态演化过程

$dx/dt=0.8x(x-1),\ 0<t<25$

四、参数设定及仿真验证

从对复制动态过程中企业生产员工安全行为选择策略进行演化博弈的仿真分析，可以发现，双方博弈演化随时间变化最终收敛于某一个稳定点，即在演化博弈中企业生产员工和企业安全监管人员在安全行为选择策略中存在一个博弈稳定的均衡点。但这一博弈稳定均衡点是否为真正的博弈演化稳定均衡点还有待验证。因此，本小节在 MATLAB 2016a 软件运用下对演化博弈模型进行仿真分析，以期证明本章第一节中的演化博弈模型分析。

为确定演化博弈模型中企业生产员工和企业安全监管人员两个博弈参与者选择策略而最终得到的组合结果，设博弈支付矩阵中的参数 $c=1, L=8$，其余各个参数分别如下：$r=20, c=3, f=0.2, A=4, Y=5, D=5$，其中，$r$ 表示企业生产员工正常作业时所获得的收益；c 表示企业生产员工执行安全行为时的成本；f 表示企业生产员工的不安全行为导致安全生产事故发生的概率；L表示安全生产事故发生企业生产员工所要承担的相应损失；A表示企业生产员工缴纳的罚款；Y表示节省的监管成本费用；D表示企业安全监管人员接受处罚的罚款。在这种情况下，$fL=1.6>c=1$，将各个参数代入博弈支付矩阵，经过计算，得出双方的支付矩阵如表4.8所示。从表4.8中博弈双方的支付-收益情况看，相对于执行不安全行为策略，执行安全行为策略为企业生产员工的占优策略；对于企业安全监管人员来说，不监管策略的收益比监管策略的收益高，故而（安全行为，不监管）为纳什均衡。因此在企业安全监管人员接受处罚的罚款D中，（安全行为，不监管）是演化稳定策略，这验证了本章第一节第四部分所描述稳定状态的第（1）、第（2）种情形，即当$c<fL$时，系统在该情形下的稳定点是$(1,0)$，即当企业生产员工执行安全行为低成本时，企业生产员工选择遵守安全生产规范，执行安全行为，而无论企业安全监管人员监管成本高低，企业安全监管人员都选择不监管。

表4.8　企业生产员工与企业安全监管人员的博弈支付矩阵

企业生产员工	企业安全监管人员	
	监管	不监管
安全行为	19，0	19，5
不安全行为	14.4，4	18.4，4.2

本节根据第一节中分析的影响博弈模型演化稳定状态中的企业生产员工执行安全行为时的成本c、企业生产员工缴纳的罚款A、节省的监管成本费用Y、企业安全监管人员接受处罚的罚款D四种关键影响因素进行参数值的设置，运用MATLAB进行数值仿真实验，分析并探讨了参数值的变化如何对企业生产员工和企业安全监管人员的行为策略选择产生影响，以及通过仿真分析了企业安全监管人员行为策略选择对企业生产员工行为策略选择的影响，结果如下：①随着执行安全行为时的成本c的逐渐增大，企业生产员工逐渐趋于选择执行不安全行为策略；②随着企业生产员工缴纳的罚款A的逐渐减少，企业生产员工逐渐选择执行不安全行为策略；③随着节省的监管成本费用Y的逐渐增大，企业安全监管人员逐渐趋向于选择执行不监管策略；④随着企业安全监管人员接受处罚的罚款D的逐渐减小，企业安全监管人员逐渐选择执行不监管策略。通过设置博弈支付矩阵中各参数值，经过计算得出双方的具体支付-收益值，从而验证了本章第一节第四部分中所分析的第（1）、第（2）种情形的稳定状态，即当$c<fL$时，系统收敛于$(1,0)$，即当企业生产员工执行安全行为低成本时，企业生产员工选择遵守安全生产规范，执行安全行为；而无论企业安全监管人员监管成本高低，企业安全监管人员都选择不监管。

第三节　本 章 小 结

安全生产问题多年来一直困扰着我国经济的增长与发展，党中央和政府部门历来都高度重视企业安全生产管理工作。资料分析显示我国安全生产事故发生总量仍然较高，企业安全监管部门监管不力造成企业生产员工不安全行为频发，是导致安全生产事故不断发生的一个重要原因，因此，企业安全监管人员对企业生产员工进行有效的安全监管至关重要。基于企业生产员工与企业安全监管人员之间有着不同程度的利益需求，相互间存在着复杂的博弈关系，本书运用演化博弈理论方法，对企业安全监管人员与企业生产员工之间的博弈过程进行研究，并提出企业有效实施安全监管的对策建议，对于企业实现安全生产具有重要现实意义。具体结论如下。

1）企业安全生产监管受到多种因素的相互制约，本书从企业安全监管人员和企业生产员工两个角度着手，通过构建"企业生产员工-企业安全监管人员"之间的演化博弈模型，按照双方成本的变化分为六种情形，根据平衡点的稳定性得到四种演化结果：①情形 1 和情形 2 演化稳定状态相同，归纳为当$c < fL$时，系统收敛于（1, 0），当企业生产员工执行安全行为小于安全生产事故发生的期望损失，即执行安全行为低成本时，无论企业安全监管人员监管成本高低，企业生产员工都选择遵守安全生产规范，执行安全行为，企业安全监管人员选择不监管；②情形 3 演化稳定状态为当$Y < (A + fD)$且$c > (fL + A)$时，系统收敛于（0, 1），即企业安全监管人员监管低成本，企业生产员工执行安全行为需要支付高成本时，企业生产员工选择不安全行为策略，企业安全监管人员将选择监管；③情形 4 和情形 5 演化稳定状态相同，归纳为当$c < fL, Y > (A + fD)$时，系统收敛于（0, 0），即当企业生产员工执行安全行为高成本，企业安全监管人员监管高成本时，企业生产员工选择不遵守安全生产规范，执行不安全行为，企业安全监管人员选择不监管；④情形 6 无演化稳定状态，博弈双方均选择了混合策略，即企业生产员工可能选择安全行为策略，也可能选择不安全行为策略，企业安全监管人员可能选择执行监管，也可能选择不监管。

总结得出：第一，企业生产员工是否遵守安全生产规范，认真执行安全行为，与其执行安全行为的成本、被检查出执行不安全行为所缴纳罚款、发生安全生产事故后的期望损失、企业安全监管人员选择监管策略的概率等有较强的相关性；第二，企业安全监管人员是否认真执行其监管工作，对企业生产员工不安全行为及时监管，与其监管成本高低、检查出企业生产员工执行不安全行为所收得的罚款、发生安全生产事故后接受处罚等有较强相关性。

2）然后运用 MATLAB2016a 软件通过数值仿真进行分析、验证，探讨各参数值的变化对企业生产员工和企业安全监管人员行为策略选择的影响，以及企业安全监管人员的行为策略选择如何影响企业生产员工的行为策略选择，并通过设置博弈支付矩阵中各参数值，经过计算得出双方的具体支付-收益值，从而验证了第四章第一节的演化稳定状态。

①分析并验证参数变化对企业生产员工行为策略选择的影响，得出：第一，随着企业生产员工执行安全行为时的成本c的逐渐减小，企业生产员工逐渐选择执行安全行为策略，降低企业生产员工执行安全行为时的成本c确实能够促使企业生产员工遵守安全生产操作规程，进而执行安全行为；第二，随着企业生产员工缴纳的罚款A的逐渐增大，企业生产员工逐渐选择执行安全行为策略，适当增大企业生产员工缴纳的罚款A能够促使更多的企业生产员工执行安全行为，重视安全生产。②分析并验证参数变化对企业安全监管人员行为策略选择的影响，得出：第一，随着企业安全监管人员节省监管成本费用Y的逐渐减小，企业安全监管人员逐渐选择执行监管策略，降低节省监管成本费用Y确实能够促使更多的企业安全监管人员重视安全，进而认真执行安全监管的任务；第二，随着企业安全监管人员接受处罚的罚款D的逐渐增大，企业安全监管人员逐渐选择执行监管策略，适当增大企业安全监管人员接受处罚力度能够促使更多的企业安全监管人员重视安全，进而认真履行职责，执行安全监管的任务。③通过MATLAB仿真分析企业安全监管人员的行为策略选择如何影响企业生产员工的行为策略选择，得出：第一，当$y>0.5$，x随着t的变化，最终都逐渐趋于1，即当企业安全监管人员选择执行监管策略的概率＞0.5时，企业生产员工最终将会选择执行安全行为策略；第二，当$y<0.5$，x随着t的变化，最终都逐渐趋于0，即当企业安全监管人员选择监管策略的概率＞0.5时，企业生产员工最终将会选择执行不安全行为策略。

3）结合演化博弈仿真结果及企业事故案例分析，针对企业有效实施安全监管，提出对策建议，使得在企业安全监管中，企业生产员工和企业安全监管人员的行为都能朝着理想状态发展，即为了促使企业安全监管人员认真履行监管职能，达到有效监管，以及企业生产员工自觉遵守安全生产规范，实现企业的安全生产，分别从降低企业生产员工安全行为成本、降低企业安全监管人员监管成本、企业制定合理的奖惩制度、优化企业安全管理组织结构等方面提出相应的对策建议：第一，对于企业生产员工，减少其执行安全行为时的成本，增大其执行不安全行为时的罚款，这将会引导其积极认真对待工作，减少不安全行为的发生；加强对企业生产员工的安全知识教育和考核、做好特殊工种的培训和考核，从根源处减少不安全行为的产生。第二，对于企业安全监管人员，降低安全监管成本，对不认真执行监管职能的企业安全监管人员加大处罚，这将有助于企业安全监管人员认真履行监管职能，实现监管工作的有效开展。第三，对于企业管理方面，企业应制定合理的奖惩制度；优化企业安全管理组织结构，企业安全监管部门应做好工作分配、提高监管效率；改变事后追究责任的传统监管模式，加强事前防控；企业还应制定完整、切实可行的安全生产制度，并加以落实。

第五章　企业生产员工安全生产保障措施

企业安全生产事故发生的原因虽然错综复杂，但却与生产行为人及监管行为人紧密相关。本书从联系密切的行为人的行为研究入手，分别研究了影响企业生产员工产生安全行为的因素及企业安全监管人员与企业生产员工之间行为博弈选择，并且根据研究结果，提出有针对性的对策建议，得出保障企业生产员工安全生产应着力从两个方面入手：一方面，管控企业生产员工安全行为影响因素，改善企业生产员工安全生产现状，降低生产过程中存在的安全行为隐患；另一方面，根据企业安全监管人员行为选择，给出针对企业生产员工安全行为有效对策。

第一节　管控企业生产员工安全行为的对策建议

一直以来，企业安全生产问题是一个无法忽视的问题，而企业的安全生产受企业生产员工个人、企业自身和政府管理等多方面因素的制约。要想保持长久稳定的持续发展，企业必须从生产过程中各个方面的影响因素考虑，组织开展有关生产安全方面的培训和教育活动，做好各部门的各项安全保障工作，确保安全生产工作的落实。

通过本书第三章中的论述分析得出，影响企业生产员工安全行为的因素包含直接性、关键性和根源性三种影响因素。其中，“安全意识”和“工作压力”是最直接影响企业生产员工安全行为的原因。而直接性影响因素又受关键性影响因素的影响，其中包括员工个人因素，如“生理因素”“心理因素”“安全素质”等，企业内部因素，如“安全文化氛围”“安全投入情况”“管理方式”“作业环境”“薪酬分配”“奖惩机制”“企业监管”等，社会方面因素，如“政府法律、法规建议”等，因此，企业在制定安全生产对策时应综合考虑各方面因素。根据实证分析可以得出，根源性影响因素中“政府监管力度”、“领导重视程度”和“安全培训”对企业生产员工安全行为具有十分重要的影响。因此，结合第三章对企业生产员工安全生产影响因素的研究，针对根源性影响因素并结合关键性因素分别从企业层面和政府层面阐述管控企业生产员工安全行为的综合性、全面性对策建议。

一、全面加强企业安全生产管理

（一）完善安全生产培训制度

安全生产培训制度的完善能够使企业生产员工具有安全生产的意识，从而使企业形成一种良好的安全生产氛围。从之前的章节中可以得知，企业中存在许多类似于培训不到位等安全生产培训问题，从而导致安全培训工作没有达到令人满意的效果。因此，企业应该积极开展安全教育相关的培训课程，完善安全生产培训制度，有针对性地对不同级别不同岗位上的员工进行安全培训，尤其是工作在一线的企业生产员工。相关安全生产教育培训可以从以下几个方面进行，对策框架如图 5.1 所示。

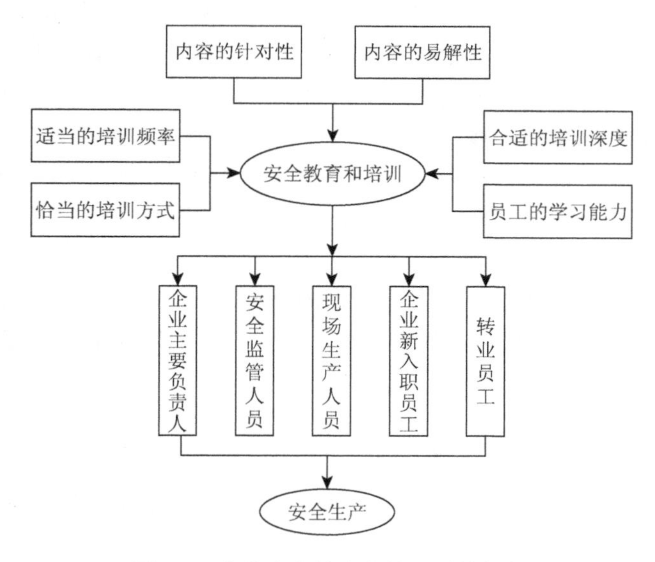

图 5.1　企业安全教育和培训对策框架

1. 有针对性地对不同岗位的员工进行安全教育培训，提升员工的专业安全技能

1）关于企业主要负责人的安全教育培训。对于企业主要负责人的安全教育培训应该着重于安全生产方面法律法规及相关政策的学习，应及时关注此类信息的公布情况，定期进行培训工作，培训结束后进行相关知识的考核。针对主要负责人进行安全教育与培训主要是为提高领导者能力素质，使领导者具备必要的安全生产管理能力，增强“安全第一”的安全生产意识，遇见安全生产突发事件时能够冷静、准确、及时地处理解决，发挥领导作用，为企业生产员工起到积极的带头激励作用。

2）关于企业安全监管人员的安全教育培训。对于企业中安全监管人员的安全教育培训应该着重于安全生产相关的管理方法和技能的掌握，企业安全监管人员应该了解全面综合的安全生产知识，掌握相关的政策和方针，要具有安全问题重于一切的意识，能够在企业的生产过程中识别潜在的安全隐患，及时避免安全生产问题的发生，要培养出解决安全生产问题的能力。

3）关于现场生产人员的安全教育培训。由于现场生产人员在生产过程中的实际操作最容易产生安全事故，因此，此类员工的安全教育培训应着重于安全生产操作规章制度的培养，从而强化现场生产人员的安全生产意识。针对现场生产员工应采用追踪跟进式教育培训方式，及时跟进最新安全操作规程，强化现场生产员工安全生产意识，解析因违反操作规程引起的安全事故的案例，引起现场生产员工对安全生产问题的注意与警惕，并制定定期组织安全生产规程考察制度。

4）关于企业新入职员工的安全教育培训。新入职员工在上岗前必须进行岗前培训，且培训内容应划分等级，涵盖公司级、车间级和班组级的三级培训内容。首先，要了解国家安全生产相关的法律法规，明确生产过程中应承担的安全责任、法律责任，以及违规操作的严重后果；其次，应着重学习安全生产操作规章制度，尤其是容易发生安全事故的操作规程，要掌握企业的安全生产管理制度，全面做好安全生产的准备。在培训结束后，要对企业新入职员工进行安全生产相关规章制度、操作规范等方面的综合考核。

5）关于转业员工的安全教育培训。对于转业员工应注重新工作的安全生产教育培训。针对转业员工新工作和之前工作的不同之处，强化转业员工对新工作的安全生产意识。在培训结束后，要对转业员工进行新工作安全生产相关规章制度、操作规范等方面的综合考核。

2. 确保安全生产教育培训的定期展开

定期地进行安全生产教育培训在某种程度上会影响企业生产员工对于安全生产知识的掌握情况，同时也关系着企业生产员工安全生产意识的培养，展开培训工作的周期越短，培训次数越频繁，企业生产员工的安全生产知识越充足，安全生产意识加深程度也就越强。因此，企业应合理地增加安全生产教育培训的次数，使企业生产员工更好地掌握安全生产的操作规程，加强安全生产意识，从而形成良好的安全文化氛围。尤其是在企业安全生产规章及操作手册有修改时，应及时组织安全培训，确保企业生产员工能在第一时间了解到新的安全生产操作规程，避免造成不必要的安全事故。

3. 提高安全教育培训的有效性

鉴于企业生产员工所受的教育和认知水平的不同，在进行安全生产教育培训时要考虑到员工能力的差异性，制定有针对性的培训内容，按照公司级、车间级和班组级三级内容培训，不同级的培训侧重也不相同。首先，公司级的培训内容应该侧重于本公司内制定的安全生产的规章制度、操作规程及相关安全事故的典型案例培训；车间级的培训内容应该侧重于在车间作业环境下的操作规程、安全生产职责、潜在的不安全因素及在危险发生时需要采取的紧急措施等相关培训；班组级的培训内容应该侧重于各个岗位上员工的实际安全操作规程，其中包括企业生产员工个人的操作流程和企业生产员工之间互相合作的操作流程。其次，培训在内容上要注意语言的简单化，要保证通俗易懂，从而保证员工在培训过程中可以清楚直白地理解和掌握安全生产知识的内容。另外，安全生产教育的培训要注重和其他企业的交流和借鉴，或者有针对性地邀请专业领域上的专家教授对员工进行培训，要从根本上保证安全教育培训有效性的提高。

（二）优化企业安全管理组织结构

从第四章中对企业安全生产影响因素的研究可以发现，企业安全监管人员文化程度低、专业技能弱，是企业安全管理水平落后产生的一个重要原因。良好的企业安全管理组织结构可以有效地提高企业生产员工的生产效率，更重要的是可以提高企业的安全监督能力。安全管理部门要按照一定的比例招收专业的企业安全监管人员，对于不同阅历的企业安全监管人员要合理分配名额比例，从而全面系统地管理企业的安全生产问题。因此，优化企业安全管理组织结构在安全生产管理中占有十分重大的比重，具体对策如图5.2所示。

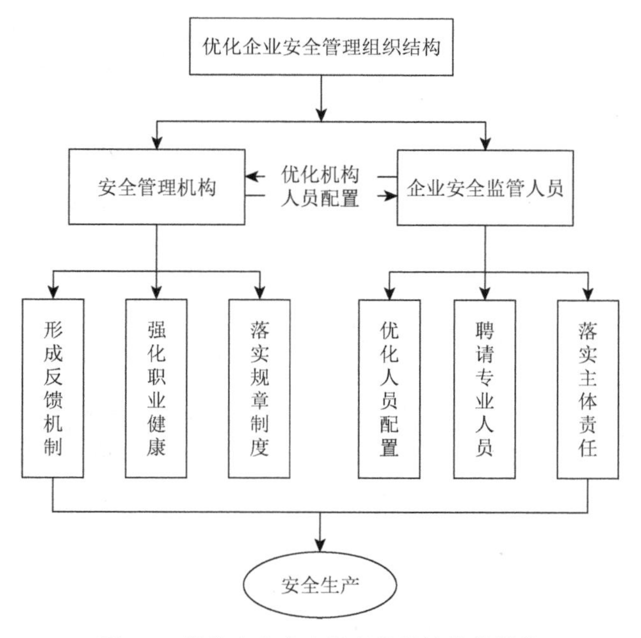

图5.2 优化企业安全管理组织结构的措施

（1）落实企业安全生产主体责任制度

建立企业安全生产主体责任制度，责任到人，确保企业生产员工安全行为的可溯源性，从而增强企业生产员工安全行为的可控性；建立从企业到部门再到班组的完善的安全管理体系，确保安全生产信息流通顺畅，向下传达的命令要准确无误，向上通报的信息要迅速及时，建立起一个良好的信息沟通渠道，当问题出现时能快速有效地解决。

（2）落实安全管理机构功能

安全管理机构涵盖企业的安全生产的管理人员和安全监督人员，要想加强企业安全生产，应从完善安全生产规章制度、落实安全生产教育培训做起，如完善培训内容、增加安全生产培训次数、加强安全生产管理力度，确保安全生产管理工作的有序进行。针对易产生职业危害的工作，应加强职业健康安全管理体系执行力度，制定企业职业健康相关制度，保证企业生产处于稳定的安全系数水平上。此外，应告知企业生产员工工作时存在的危害性，保证企业生产员工的合法权益，并且定期组织健康体检，及时有效地辨别安全生产中的危险因素是安全管理机构的一个十分重要的功能。对于发现潜在的安全隐患要制定合理有效的对策来防止危险的发生，而对于已经发生的安全事故要快速反映给上级领导，从根源上调查问题产生的原因，要做到责任到人，从而采取强有力的措施，以防类似或相同事故的再次发生。

（3）结合实际情况，设立专职安全生产管理人员

对不同能力、学历、年龄、工作经历的管理人员进行合理分配，对于安全生产管理岗位的人员，既要有较强的安全管理实际操作能力，又要有丰富的管理经验。此外，要保证安全管理人员达到国家要求的数量，在专业能力方面高于同行业要求的衡量标准，合理分配安全管理人员，要将安全隐患排查及监管工作落实到位，要定期安排安全事故急救演练，确保每个安全管理人员都能各尽其职，确保企业的生产能安全进行。

（三）加大企业安全生产投入力度

根据第三章可以得出，安全生产投入属于企业安全生产的关键性影响因素，因此，安全生产投入关系着企业的生产状态，而安全生产投入不足是企业普遍存在的一种现状，由于安全生产投入的不足，大部分企业面临着安全保护设施不充足的问题，因此，企业应着力加大安全生产的投入力度。对于加大企业安全生产的投入、解决由于安全投入不足带来的危险，要从以下几个方面着手，具体加大企业安全生产投入的措施如图 5.3 所示。

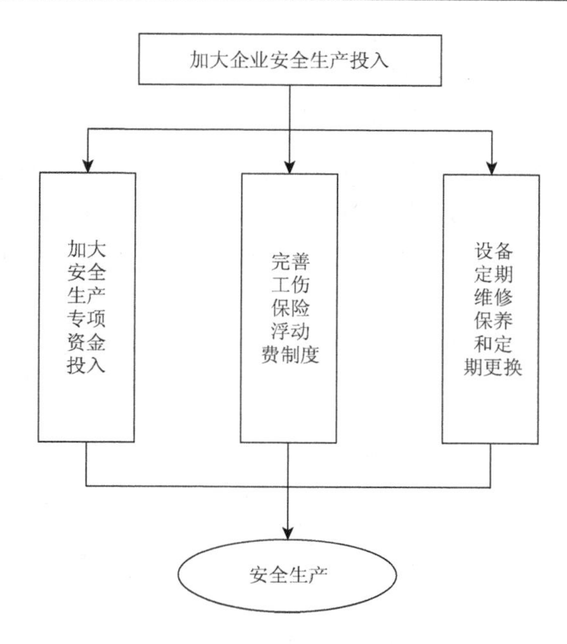

图 5.3　加大企业安全生产投入的措施

（1）加大安全生产专项资金投入

安全生产专项资金可以维持安全生产过程中产生的费用，属于企业正常开销，包含企业生产员工安全生产过程中防护工具的费用，满足定期检查作业场所安全隐患工作的进行，替换具有潜在不安全因素的设施，尽可能减少因安全生产专项资金投入不足而忽视安全生产隐患，甚至导致安全事故发生的情况。安全生产专项资金还涵盖安全管理人员的定期安全生产教育培训，从而确保每位安全生产管理人员都能各尽其职。

（2）完善工伤保险浮动费制度

工伤保险浮动费制度是员工保障制度之一，可以有效推进员工工伤预防，尤其是对一些特殊岗位的特种作业人员，应积极为其上工伤保险并推行意外保险制度，监督在生产线上的员工穿戴符合国家标准要求的防护用品，并督促定期更换防护用品。另外，要完善安全生产教育培训制度，不仅在培训次数上，更要在培训内容上下功夫，确保安全生产的顺利开展。

（3）设备定期维修保养和定期更换

企业的安全生产离不开生产设备安全性的保障。对于陈旧、破损、存在安全隐患的生产设备要及时地保养甚至更换，要定期检查和更新生产设备、器材、工具等，保证它们的安全使用。

（四）加强企业安全文化建设

企业安全文化是企业的核心发展力。从第三章中可以得知目前企业存在安全文化建设不足的问题，这是由于大部分员工对于安全文化的理解都不够充分，不能深刻体会到其中的含义，以及安全文化对安全生产的重要意义（刘洋等，2012）。良好的企业安全文化可以潜移默化地影响企业生产员工安全生产意识的养成，并逐渐影响企业生产员工安全行为的产生。良好的企业安全文化的建设有助于企业安全文化氛围的形成，从而影响安全生产的进行。具体企业安全文化措施如图 5.4 所示。

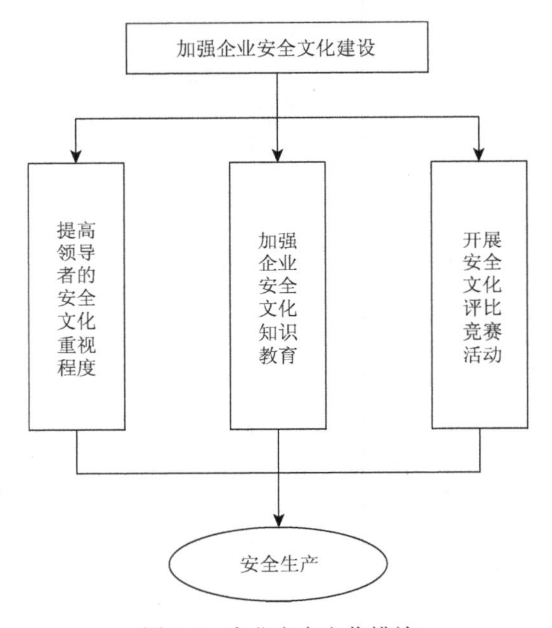

图 5.4　企业安全文化措施

（1）提高领导者的安全文化重视程度

企业的领导者大多数都具有丰富工作经验，由于较大安全事故发生的概率低、速度快、规模大，人为的可控性较弱，虽然领导者对安全生产管理有足够的重视，但是在现实的管理环节上略显薄弱，尤其是关于安全文化氛围的建设。作为企业的建设者，领导者对于企业安全文化的重视程度很大程度上影响着员工对于安全生产的重视程度（胡泽文和武夷山，2012）。因此，企业的领导者要注重企业安全文化的树立，要以身作则，履行好重视安全生产和安全文化建设的领头人的职责，不断提高自身的安全管理能力和安全生产意识，切实感受到安全文化对于企业长期稳定发展的重要性，使企业形成良好的安全文化氛围。

（2）加强企业安全文化知识教育

企业安全文化建设应提高到“全员参与”的高度认识上，企业的安全文化氛围仅仅靠领导是不可能完成的，领导是企业安全文化建设的先进带头人，企业安全文化的具体建设依靠的主体应是全体员工，需要每一位员工都广泛参与到安全文化建设当中来，使企业安全文化指导企业生产员工生产。由于大部分一线企业生产员工的文化水平较低，在安全文化建设过程中企业要侧重于企业生产员工安全生产素质的培养。企业应着力加大安全文化宣传力度，加强安全教育培训，加强企业安全文化知识教育，从安全常识、企业规章制度、工作操作规程等方面入手，从浅到深一步步加强安全文化建设，从而形成良好的企业安全文化氛围，全面提升企业整体安全文化认知水平。

（3）开展安全文化评比竞赛活动

积极开展安全文化评比竞赛活动，不仅有助于营造良好的企业安全文化，还可以促进企业生产员工之间的交流。开展安全文化评比竞赛活动有助于企业生产员工积极主动地学习安全文化知识，通过采取奖励措施，来激励企业生产员工对安全文化意识的培养，从而提升企业生产员工的安全文化认知水平。

（五）建立合理的薪酬制度和奖惩制度

薪酬制度不完善及缺乏员工安全福利政策是在大部分企业中存在的问题，这往往会导致企业生产员工在安全生产过程中缺乏积极性。类似地，缺乏奖惩制度，会导致企业生产员工安全生产积极性的难调动。因此，建立合理的薪酬和奖惩制度有助于培养企业生产员工安全生产积极性，从而保障企业的安全生产。

（1）建立合理薪酬制度

合理的薪酬制度很大程度上受工作绩效的影响，而工作绩效由工作中的各种考核决定。其中，工作考核应该涉及企业生产员工的安全生产知识考察、安全生产操作规程等安全生产方面的内容。对于安全生产方面考核成绩突出的企业生产员工应该给予奖励，一方面可以表示对优秀企业生产员工的肯定，另一方面，可以调动其他企业生产员工对于学习和掌握安全生产的积极性。对于考核成绩不理想的企业生产员工，应该追究责任，在惩罚企业生产员工的同时也对其他企业生产员工产生一个警告作用。对于容易发生安全事故的岗位，企业应适当增加该岗位的薪酬，保证企业生产员工在工作中有一个良好的安全工作态度。

（2）建立有效的奖惩机制

建立有效的奖惩机制有助于调动企业生产员工的生产积极性，关于在生产过程中对及时上报存在的不安全因素或有效解决安全生产问题的企业生产员工要予以适当的奖励，而对于由个人问题导致产生安全损失甚至发生安全生产事故的企业生产员工要严格追究责任并进行惩罚，情况严重的应予以开除。

二、加强政府安全监管力度

（一）强化政府安全监管

政府对企业的安全生产起到了十分重要的监督作用，政府不但扮演着颁布与安全相关的法律法规的角色，而且对企业安全有监管作用。一些研究发现企业安全生产影响因素中政府监督存在力度不够的问题，政府没有很好地起到安全监督的作用（栗进和宋正刚，2014）。因此，政府要加强对企业的安全生产监督力度，从多方面确保企业将安全生产落实到位，具体对策框架如图 5.5 所示。

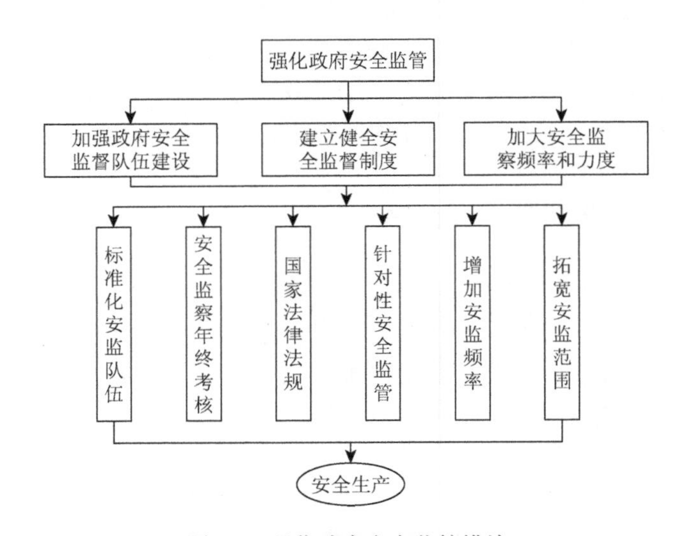

图 5.5　强化政府安全监管措施

（1）加强政府安全监督队伍建设

加强政府安全监督队伍建设，要做到对安全监督部门的全面管理，要做到定期进行安全生产教育培训，确保各监管部门对企业安全生产监督和管理的有效性。

（2）建立健全安全监督制度

健全的安全监督制度是企业安全生产管理的有效准绳，以国家法律法规对安全生产的要求为基础，不同行业安全监督的内容不尽相同，健全不同行业类型企业的安全监督管理制度，使安全监察具有针对性、高效性，促进安全检查工作的顺利开展，从而达到预防安全事故发生的效果。

（3）加大安全监察频率和力度

健全的安全监督制度需要落到实处，切实保障安全监督制度的执行，安全监察人员要做到深入企业内部，充分了解整个生产过程，并从整体上监督管理安全生产问题，特别是容易发生安全生产事故的企业更加应该加大安全监察频率和力度。

（二）落实企业安全生产奖惩机制

一些企业安全生产事故频发，这与政府对企业安全生产的奖惩机制落实不到位有很大关系。因此，政府要确保安全生产奖惩制度的落实，严格实施安全生产奖惩机制，推进企业安全生产的进行，从制度上加强企业安全生产动力，从而控制安全生产事故的发生。

（1）严格执行奖罚分明制度

对安全生产表现较好的企业应适当地给予奖励。对于发生安全生产事故，且改善不明显的企业应当给予一定的惩罚，可以根据安全生产事故的性质和责任的大小来确定惩罚力度。对于屡次出现安全生产事故的企业应当给予重罚，这对于同行业的其他企业也将起到震慑作用。

（2）建立安全生产信用评价体系

加强安全生产信用管理力度，对于安全生产信用较好的企业可以适当地增设一些优惠政策，同时，这种政策的实施也为其他企业起到标杆作用。例如，资金支持、项目优先，或者当安全生产信用较好的企业进行贷款时，对信用评价高的企业优先满足担保需求（陆玉梅和梅强，2009），安全生产信用管理机制尚未健全，应加强相关问题研究，设立示范，将安全生产落实到位。

（三）严格安全生产市场准入制度

目前，我国安全生产市场准入制度只适用于烟花爆竹企业、危险化学品企业等高危行业，而对于其他行业没有明确的要求，但从当前对于高危行业的实施效果来看，成果十分显著。因此，应该将安全生产市场准入制度引入到所有行业实施。

通过对所有行业实施安全生产市场准入制度，严格监察申请生产许可证的企业。获取生产许可证的企业也要进行分级管理，对已经取得生产许可证的企业不能放任不管，要定期对已经取得生产许可证的企业进行安全检查，若有安全生产严重不合格者，应该直接吊销生产许可证。若有轻度不合格的企业要扣押其生产许可证并严格命令其进行整改，并对其进行二次检查，若仍不合格应吊销其生产许可证。

（四）建立社会监督服务体系

健全安全监管服务体系的另一种途径是发展中介机构，运用中介机构的监管能力能有效地发挥监督管理作用，对安全中介机构给予一定的政策扶持，提高其服务能力，形成高效的社会监督服务体系（王燕玲等，2016），或者通过安全专家、安全研究的高等院校为企业的安全生产活动提供更多服务，以此来解决企业安全生产专业人才不足及安全管理不完善等问题，通过借助社会力量使企业安全有序地发展。

三、总结

通过对企业安全生产中存在的问题及影响因素的研究结果，针对影响企业安全生产主要因素，分别从企业和政府两方面给出监管企业生产员工安全行为的对策建议。其中，关于企业方面的建议包括完善安全生产培训制度、优化企业安全管理组织结构、加大企业安全生产投入力度、加强企业安全文化建设、建立合理的薪酬制度和奖惩制度等。关于政府方面的建议包括强化政府安全监管、落实企业安全生产奖惩机制、严格安全生产市场准入制度、建立社会监督服务体系等。

第二节　加强对企业生产员工安全生产的监管力度

企业安全生产问题是不允许忽视并亟待解决的问题，其中涉及的因素包括企业生产员工、企业安全监管人员和企业等众多方面，企业要想长期平稳地发展，就必须在生产过程减少安全生产事故的发生，除阻断企业生产员工产生不安全行为的影响因素外，还应从微观的视角，从企业本身的监管出发，对企业生产员工不安全行为进行有效监管。故分析企业生产员工和企业安全监管人员之间博弈关系，以及分析成本收益的变化如何影响其行为策略的选择是十分必要的。本节根据第四章演化博弈模型的分析和 MATLAB 仿真分析的结果，针对企业给出有效的对策建议，使得在企业安全监管中，企业生产员工和企业安全监管人员的行为都能朝着理想状态发展。

从企业实施安全生产的主体来说，主要有三种人员：第一种是企业的主要领导及决策人员，他们主导企业的安全生产活动，如增加安全生产投入、实行安全技术改进、设备更新、决定安全奖罚资金、为安全教育培训活动提供资金支持等；第二种是企业安全监管人员，他们是企业安全生产的倡导者及实施者，也是安全行为的组织者和监督人员，对企业安全生产管理起着重要作用；第三种是企业生产员工，即生产一线工人、操作人员、车间工人，他们是安全行为的执行者，也是进行不安全行为的主要群体。本书分别从控制安全生产监管过程的成本（降低企业生产员工安全行为成本、降低企业安全监管人员监管成本）、企业制定合理的奖惩制度、优化企业安全管理组织结构等方面提出相应的对策建议。故针对企业有效实施安全监管从多方面提出以下对策建议。

（一）控制安全生产监管过程的成本

（1）降低企业生产员工安全行为成本

企业需要从技术、组织两个方面降低企业生产员工执行安全行为时的成本c，加大安全生产投入，从而减少企业生产员工在实施安全行为时的时间、精力、体力的消耗。

1）企业进行安全技术改造，提高工厂机械化、自动化生产水平，减少生产工人依靠人力进行生产的工作量，减少工人在体力劳力方面不必要的浪费；将生产设备进行定期检查，做好更新及维护工作，消除设备带来的安全隐患；保证满足工人安全生产所需的防护工具的需求；每个工位根据任务量合理地安排工人人员数量，不能为了减少人员成本而增加个人劳动力成本输出，企业要确保车间内工人人数合理充足，人均工作任务量不能超出个人所能承担的极限，避免企业生产员工为“走捷径”而冒险发生不安全行为。

2）建立并完善安全教育和培训制度，提高企业生产员工安全行为感知能力，使企业生产员工能主动进行安全行为，减少由于操纵程序不熟练而造成的时间、精力的消耗。以一线生产员工和教育程度较低的生产员工为主要培训对象，针对安全生产操作规范、安全知识、规章制度等对生产员工进行培训落实，提高生产车间操作工、生产工人的安全知识水平和安全意识，使其熟练掌握操作规程；针对新入职和转业员工必须进行岗前培训，并且实行导师制，由导师带领；保证安全教育培训的频率，当企业安全生产操作手册有调整和修改时，及时组织安全培训，确保企业生产员工第一时间掌握新的规程，避免沿用旧的操作方法造成不安全行为的发生；在车间内创造良好的安全氛围，定期举办安全知识竞赛活动，提高企业生产员工安全生产意识。

（2）降低企业安全监管人员监管成本

可从技术、组织两个方面降低企业安全监管人员的监管成本，从而减少企业安全监管人员在监管时的时间、精力、体力的消耗。

1）企业可通过运用视频监控系统、违规操作报警系统等安全监控系统，使企业安全监管人员能够从全方位对生产现场的所有企业生产员工进行全生产过程的远程监控，并对不安全状况进行及时自动警报，通过加强技术在监控系统的使用使企业安全监管人员的监管工作变得可控，操作性强，进而降低安全监管成本。合理划分企业安全监管人员的负责范围大小，一是避免人力重复投入、监管范围不明确、安全生产漏查和重复监察；二是可以合理规划每个人的工作量，减少安全生产监管的“死角”。优化内部组织结构，减少机会成本支出，企业可能存在有的岗位忙、有的岗位闲这种劳逸不均的现象发生，造成监管的重复，因此建议对企业安全监管人员进行多面的培训，充分利用工作岗位时间差，通过人员轮岗等做到一人多岗、人员能跨岗随时调配，以提高人员利用率，同时保证企业安全监管人员的数量及素质，提高所有企业生产员工的工作效率。

2）增强企业安全监管人员的责任意识，明确企业安全监管人员的职责，使企业安全监管人员积极履行监管任务。企业领导层对安全管理工作的重视程度、企业对企业安全监管人员的激励奖惩制度都与企业安全监管人员是否认真履行监管任务有关。针对企业安全监管人员主要侧重于安全管理知识和方法的培训，应强化其“安全监管责任重于一切”的认识，同时提高企业安全监管人员能快速辨别企业生产员工的不安全行为和所存在安全隐患的能力，提高其安全监管效率和有效及时解决安全生产问题的能力。

（二）企业制定合理的奖惩制度

企业通过奖惩制度产生的正刺激和负刺激的作用，促使企业生产员工的行为朝着符合企业需求的方向得到规范和引导。奖励即是正刺激，惩罚即是负刺激，二者相辅相成，且完全符合企业实际情况的合理的奖惩制度，才能真正达到企业安全生产的目标。根据第四章 MATLAB 仿真验证得：适当增大对企业生产员工缴纳的罚款能够促使更多的企业生产员工执行安全行为，并重视安全生产。同时也可证得：适当增大企业安全监管人员接受处罚力度能够促使更多的企业安全监管人员重视安全，进而认真履行职责，执行安全监管的任务。

（1）企业生产员工奖惩制度合理

对于企业生产员工，加大其进行不安全行为时的成本，减少从中所获收益（如增加企业生产员工进行不安全行为时被查处的罚金），或增加其进行安全行为的收益（如对长期遵守安全生产规范、非违规操作的企业生产员工实行奖励），这将会引导和激励企业生产员工认真对待工作，引导他们正确地进行生产操作，减少不安全行为的发生。对于不认真执行监管职能的企业安全监管人员加大处罚力度，这将有助于企业安全监管人员认真履行监管职能，实现监管工作的有效开展。

（2）建立切实可行的绩效考评体系和科学合理的薪酬体系

绩效考评体系是企业实行奖惩的前提，薪酬与工作业绩优劣、岗位责任大小等挂钩，故绩效考核与薪酬体系二者缺一不可。企业可将考核指标设计成两类：工作成果类、行为表现类（张昱和孟慧霞，2005）。工作成果类，即企业生产员工是否按时、按质量完成基本任务；行为表现类，即企业生产员工在日常工作中表现出的工作认真程度和工作态度等。前者是企业生产员工得到基本工资的衡量标准，后者是对企业生产员工实施奖励的衡量标准。一定的奖励会激励更多的企业生产员工认真履行工作职责，也有助于形成良好的工作氛围。

（三）优化企业安全管理组织结构

企业内企业安全监管人员的监管能力和安全监管的工作效率与企业内的安全管理组织结构密不可分，因此优化企业安全管理组织结构，做到权责分明，责任到人，分工明确，形成良好、快速的反馈机制以提高安全管理效率。

（1）加强安全管理职能机构建设

清楚区分安全管理中筹划、执行、监控三类职能机构（郑霞忠等，2013），并强化安全监管机构的职能和地位。企业组织理论（郑海航，2004）中将企业所有的组织机构根据管理职能分为三类："筹划""执行""监控"，"筹划"机构的职能是作决策或计划，"执行"机构负责落实这些决策和计划，"监控"机构负责监督"执行"机构的执行效果，并将结果实时反馈给"筹划"机构，"筹划"机构再据此做出政策和计划的调整，再由"执行"机构实施，三类职能机构有机结合保证安全管理的高效性。传统的安全管理组织结构未能将"执行"机构与"监控"机构根据职能清晰区分开，易造成包庇责任，不向领导汇报，不能有效行使监督和控制职能。因此需要优化传统安全组织管理结构，区分安全管理的三类职能机构，强化安全监管机构的职能和地位。

（2）确立企业安全监管部门地位

突出企业安全监管部门的工作，加强对安全事故的预防工作。安全事故的预防成本永远小于事故发生后的损失费用（袁海林等，2006），因此，企业安全监管人员在平时要做好安全监察等安全管理工作，改变事后追究责任的传统监管模式，加强事前防控，防患于未然，才能为安全生产保驾护航。

参考文献

白会芳，董雅丽. 2013. 基于 ISM 模型的中国医药供应链影响因素探析[J]. 物流技术，32（23）：319-323.

蔡建国，赛云秀. 2014. 基于 ISM 的棚户区改造项目风险影响因素分析[J]. 科技管理研究，34（6）：240-244.

曹庆仁，李凯，李静林，等. 2011. 管理者行为对矿工不安全行为的影响关系研究[J]. 管理科学，24（6）：69-78.

曹霞，张路蓬. 2015. 企业绿色技术创新扩散的演化博弈分析[J]. 中国人口·资源与环境，25（7）：68-76.

曹裕，余振宇，万光羽，等. 2017. 新媒体环境下政府与企业在食品掺假中的演化博弈研究[J]. 中国管理科学，25（6）：179-187.

陈伶浪. 2005. 当前中小企业安全生产方面存在的问题及建议[J]. 中国劳动关系学院学报，（1）：30-33.

陈伟珂，孙蕊. 2014. 基于行为主义理论的地铁施工工人的不安全行为管理研究[J]. 工程管理学报，28（6）：54-59.

陈雨峰，梅强，刘素霞，等. 2014. 中小企业新生代农民工安全行为影响因素研究[J]. 中国安全科学学报，（9）：134-140.

程聪，曹烈冰，张颖，等. 2014. 中小企业渐进式创新影响因素结构分析——资源基础还是能力制胜？[J]. 科学学研究，32（9）：1415-1422.

程敏，陈辉. 2011. 基于演化博弈的建筑工程安全监管研究[J]. 运筹与管理，20（6）：210-215.

戴昌桥. 2009. 行政官僚行为动机理论的历史演化及其特质——基于人性假设视角分析[J]. 湖南科技大学学报（社会科学版），12（1）：65-71.

丁冬. 2015. 浅谈机械制造企业生产现场的安全管理[J]. 科技视界，（24）：250-253.

冯领香，李书全，陈向上，等. 2012. 企业生产安全投入与监管的演化博弈[J]. 数学的实践与认识，42（8）：76-84.

付莲莲，邓群钊，周利平，等. 2014. 基于 ISM 的农产品价格波动的影响因素分析[J]. 软科学，28（4）：112-116.

高雯雯，彭圣钦. 2011. 物流园区选址影响因素的 ISM 分析[J]. 物流技术，30（21）：38-41.

高亚，章恒全. 2015. 基于 SD 的施工安全监管进化博弈研究[J]. 工程管理学报，29（6）：113-118.

龚甫，王彩宝，刘军，等. 2014. 浅析中小企业安全生产工作现状[J]. 安全，35（2）：46-48.

郭淑兴，王媛媛. 2015. 浅谈煤机装备制造企业的安全生产管理[J]. 装备制造技术，（9）：236-237.

韩豫，梅强，周丹，等. 2016. 群体封闭性视角下的建筑工人不安全行为传播特性[J]. 中国安全生产科学技术，12（3）：187-192.

韩志远. 2012. 浅析不安全行为管理与控制[J]. 中国安全生产科学技术，8（S2）：52-56.

郝英斌. 2013. 基于行为理论视角的中小企业安全生产管理研究[J]. 产业与科技论坛，12（11）：208-209.

胡嘉伟，彭伟，薛韦一，等. 2014. 基于 ISM 法的公路隧道火灾事故致因研究[J]. 中国安全生产科学技术，10（2）：57-62.

胡泽文，武夷山. 2012. 科技产出影响因素分析与预测研究——基于多元回归和 BP 神经网络的途径[J]. 科学学研究，30（7）：992-1004.

黄晖. 2012. 地方中小企业安全生产问题及对策的研究[D]. 首都经济贸易大学硕士学位论文.

李高扬，刘明广. 2014. 产学研协同创新的演化博弈模型及策略分析[J]. 科技管理研究，34（3）：197-203.

李红霞，邸鸿喜，李琰，等. 2014. CAPM 模型在中国股票市场中的有效性检验[J]. 统计与决策，（14）：169-172.

李焕军，李军云. 2012. 中小型个私企业安全生产现状及对策分析[J]. 才智，（24）：290.

李乃文，徐梦虹，牛莉霞，等. 2012. 基于 ISM 和 AHP 法的矿工习惯性违章行为影响因素研究[J]. 中国安全科学学报，22（8）：22-28.

李雯，娄玉双，刘素霞，等. 2014. 我国高危行业小微企业安全生产管理的现状研究[J]. 中国管理信息化，17（17）：76-78.

李煜华，武晓锋，胡瑶瑛，等. 2013. 基于演化博弈的战略性新兴产业集群协同创新策略研究[J]. 科技进步与对策，30（2）：70-73.

李煜华，刘洋，胡瑶瑛，等. 2015. 科技型小微企业与科技型大企业协同创新策略研究——基于动态演化博弈视角[J]. 科技进步与对策，32（3）：90-93.

栗进，宋正刚. 2014. 科技型中小企业技术创新的关键驱动因素研究——基于京津 4 家企业的一项探索性分析[J]. 科学学与科学技术管理，35（5）：156-163.

梁利敏，李亚坤，严枫，等. 2012. 企业安全生产现状及存在问题的解决[J]. 经济师，(8)：268-269.

梁振东. 2012. 组织及环境因素对员工不安全行为影响的 SEM 研究[J]. 中国安全科学学报，22（11）：16-22.

刘超. 2010. 企业员工不安全行为影响因素分析及控制对策研究[D]. 中国地质大学博士学位论文.

刘全龙，李新春. 2015. 中国煤矿安全监察监管演化博弈有效稳定性控制[J]. 北京理工大学学报（社会科学版），17（4）：49-56.

刘素霞. 2012. 基于安全生产绩效提升的中小企业安全生产行为研究[D]. 江苏大学博士学位论文.

刘素霞，梅强，杜建国，等. 2014. 企业组织安全行为、员工安全行为与安全绩效——基于中国中小企业的实证研究[J]. 系统管理学报，23（1）：118-129.

刘新霞，黄国贤，陈浩，等. 2013. 中小企业员工职业安全氛围感知及安全态度与安全行为调查[J]. 中国职业医学，40（3）：233-236，241.

刘洋，温珂，郭剑，等. 2012. 基于过程管理的中国专利质量影响因素分析[J]. 科研管理，33(12)：104-109+141.

刘祖文. 2016. 中小企业安全管理现状及对策研究[J]. 时代金融，（23）：122，125.

陆玉梅，梅强. 2009. 高危行业中小企业安全费用的监管博弈[J]. 系统管理学报，18(4)：463-468.

马小平，金珠. 2009. 蚁群聚类算法在煤矿安全评价人因事故分析中的应用[J]. 煤炭学报，34（5）：678-682.

梅强，刘素霞. 2012. 中小企业安全生产“供求”与政府管制[J]. 中国安全科学学报，20（3）：113-119.

梅强，马国建，杜建国，等. 2009. 中小企业安全生产管制路径演化研究[J]. 中国管理科学，17（2）：160-168.

梅强，陈好，刘素霞，等. 2013. 中小企业安全投入行为决策研究[J]. 中国安全科学学报，23（8）：150-156.

秦应斌. 2008. 建筑施工安全生产行为系统构建及控制对策研究[D]. 湖南大学硕士学位论文.

申亮. 2011. 我国环保监督机制问题研究：一个演化博弈理论的分析[J]. 管理评论，23（8）：46-51.

沈斌，梅强. 2010. 煤炭企业安全生产管制多方博弈研究[J]. 中国安全科学学报，20（9）：139-144.

施董腾. 2014. 关于做好中小制造企业安全生产管理工作的体会[J]. 物流工程与管理，36（2）：150-159.

石英，孟玄喆. 2014. 基于轨迹交叉理论的制造业生产安全问题研究[J]. 工业工程与管理，19（4）：129-134.

石娟，王倩，刘珍. 2016. 基于 ISM 的大学生生命危机行为产生的影响因素分析[J]. 中国青年研究，（2）：72-77.

石娟，李榕. 2017. 自我建构与营销信息对新能源汽车采用意愿的影响研究[J]. 生态经济，33（9）：79-85.

石娟，刘珍. 2017. 技术接近度对企业知识共享的演化博弈分析[J]. 统计与决策，（2）：186-188.

石娟，董辉，胡鹏基，等. 2018. SD 的大学生危机行为干预模型仿真研究[J].天津大学学报（社会科学版），20（1）：77-82.

宋志国，王万桥. 2016. 基于 ISM 模型的中小企业知识产权托管影响因素研究[J]. 系统科学学报，24（3）：77-80，98.

孙胜男. 2010. 中小企业安全投入影响因素的实证研究[D]. 江苏大学硕士学位论文.

谭翀，陆愈实，余庆春，等. 2015. 建筑施工安全监管的演化博弈分析[J]. 兰州理工大学学报，41（3）：145-149.

田水承，赵雪萍，等. 2013. 基于进化博弈论的矿工不安全行为干预研究[J]. 煤矿安全，44（8）：231-234.

田水承，郭彬彬，李树砖，等. 2011. 煤矿井下作业人员的工作压力个体因素与不安全行为的关系[J]. 煤矿安全，42（9）：189-192.

田水承，李停军，李磊，等. 2013. 基于分层关联分析的矿工不安全行为影响因素分析[J]. 矿业安全与环保，40（3）：125-128.

汪秀婷，江澄. 2013. 技术创新网络跨组织间资源共享决策的演化博弈分析[J]. 企业经济，32（3）：27-30.

王东娟. 2017. 企业员工不安全行为管理现状的分析[J]. 企业改革与管理，（20）：91，123.

王厚全，侯立宏. 2016. 北京市政府采购促进中小企业创新发展模式研究[J]. 科技管理研究，36（6）：85-92.

王倩. 2017. 中小企业员工安全生产行为影响因素及防控对策研究[D]. 天津理工大学硕士学位论文.

王文甫，明娟，岳超云，等. 2014. 企业规模、地方政府干预与产能过剩[J]. 管理世界，（10）：19-36.

王祥兵，严广乐，杨卫忠，等. 2012. 区域创新系统动态演化的博弈机制研究[J].科研管理，33（11）：1-8.

王燕玲，梅强，刘素霞，等. 2016. 中小企业安全管理员胜任力结构及其信度效度分析[J]. 中国安全科学学报，26（7）：152-156.

王永刚，王灿敏. 2013. 基于ISM和ANP的航空公司安全绩效影响因素研究[J]. 安全与环境学报，13（4）：221-226.

王永刚，江涛. 2014. 基于进化博弈论的不完全信息状况下的民航安全监管研究[J]. 安全与环境学报，14（1）：61-64.

吴岩. 2013. 基于主成分分析法的科技型中小企业技术创新能力的影响因素研究[J]. 科技管理研究，33（14）：108-112.

吴玉华. 2009. 矿井作业人员不安全行为特征规律分析[J]. 煤矿安全，40（12）：124-128.

武玉梁. 2015. 基于博弈分析的员工不安全行为管理技术[A]//中国职业安全健康协会行为安全专业委员会. 第二届行为安全与安全管理国际学术会议论文集[C]. 中国职业安全健康协会行为安全专业委员会.

谢识予. 2001. 有限理性条件下的进化博弈理论[J]. 上海财经大学学报，3（5）：3-9.

谢识予. 2002. 经济博弈论[M]. 上海：复旦大学出版社.

许民利，王俏，欧阳林寒，等. 2012. 食品供应链中质量投入的演化博弈分析[J]. 中国管理科学，20（5）：131-141.

薛韦一，刘泽功. 2013. 基于ISM法的矿工安全心理影响因素分析[J].中国安全生产科学技术，9（12）：112-118.

杨佳丽. 2017. 煤矿员工不安全行为影响因素及其管理策略研究[D]. 太原理工大学硕士学位论文.

杨世军，贾志永，张羽，等. 2013. 基于心理成本的工程企业安全监管机制演化博弈分析[J]. 经济体制改革，（2）：176-179.

杨小菊. 2013. 基于ISM的低碳社区建设影响因素研究[D]. 华中科技大学硕士学位论文.

于斌斌，余雷. 2015. 基于演化博弈的集群企业创新模式选择研究[J]. 科研管理，36（4）：30-38.

袁海林，金维兴，刘树枫，等. 2006. 建筑企业安全控制的博弈分析及政策建议[J]. 建筑经济，11（5）：67-69.

张超，梅强，吴刚，等. 2014. 机械制造企业安全文化对员工安全行为的影响研究[J]. 工业安全与环保，40（7）：43-46.

张国兴，高晚霞，管欣. 2015. 基于第三方监督的食品安全监管演化博弈模型[J]. 系统工程学报，30（2）：153-164.

张乐. 2016. 补连塔煤矿不安全行为管控分析[J]. 煤炭工程，（S1）：114-116，120.

张孟春，方东平. 2012. 建筑工人不安全行为产生的认知原因和管理措施[J]. 土木工程学报，45（S2）：297-305.

张维迎. 2004. 博弈论与信息经济学[M]. 上海：上海人民出版社.

张忆. 2010. 中小企业安全投入对安全绩效的影响研究[D]. 江苏大学硕士学位论文.

张昱，孟慧霞. 2005. 关于建立企业奖惩制度的探讨[J].科技情报开发与经济，（6）：204-205.

赵德顺. 2010. 企业员工不安全行为协同管理模式研究[D]. 江苏大学硕士学位论文.

郑海航. 2004. 企业组织论[M]. 北京：经济管理出版社：59-64.

郑霞忠，侯邦敏，晋良海，等. 2013. 基于有序度评价的建筑企业安全管理组织结构优化研究[J]. 中国安全科学学报，23（12）：107-112.

周建亮，佟瑞鹏，陈大伟. 2010. 我国建筑安全生产管理责任制度的政策评估与完善[J]. 中国安全科学学报，20（6）：146-151.

朱萌，齐振宏，罗丽娜，等. 2016. 基于Probit-ISM模型的稻农农业技术采用影响因素分析——以湖北省320户稻农为例[J]. 数理统计与管理，35（1）：11-23.

庄菁，屈植. 2012. 中小企业员工敬业度影响因素分析[J]. 统计与决策，（2）：186-188.
邹晓波，毕默. 2012. 安全领导力、安全氛围与安全行为的典型相关分析——以重庆建筑企业为例[J]. 重庆建筑，11（7）：52-54.
Babu S，Mohan U. 2018. An integrated approach to evaluating sustainability in supply chains using evolutionary game theory[J]. Computers & Operations Research，89：269-283.
Barling J，Loughlin C，Kelloway L，et al. 2011. Development and test of a model linking safety specific transformation leadership and occupational safety[J]. Journal of Applied Psychology，87（3）：488-496.
Baron R，Kenny D. 2012. The moderator-mediator variable distinction in social psychological research：Conceptual，strategic，and statistical considerations[J]. Journal of Personality and Social Psychology，51（6）：1173-1182.
Boylan R T. 1992. Laws of large numbers for dynamical systems with randomly matched individuals[J]. Journal of Economic Theory，57（2）：473-504.
Cagno E，Micheli G J L，Perotti S. 2011. Identification of OHS-related factors and interactions among those and OHS performance in SMEs[J]. Safety Science，49（2）：216-225.
Cheng L K，Tao Z G. 1999. The impact of public policies on innovation and imitation：The role of R&D technology in growth models [J]. International Economic Review，40（1）：187-207.
Choudhry R M，Fang D. 2008. Why operatives engage in unsafe work behavior：Investigating factors on construction sites[J]. Safety science，46（4）：566-584.
Christian S. 2004. Are envolutionary games another way of thinking about game theory [J]. Journal of Evolutionary Economics，14（3）：249-262.
Cooper M D，Philips R A. 2012. Exploratory analysis of the safety climate and safety behavior relationship[J]. Jounmal of Safety Research，35（5）：497-512.
Dejoy D M. 1994. Managing safety in the workplace：An attribution theory analysis and model[J]. Journal of Safety Research，（25）：3-17.
Dov Z. 2008. Safety Climate and beyond：A multi-level multi-climate framework [J]. Safety Science，46（3）：376-387.
Etzkowitz H，Leydesdoref L. 1995. The triple helix of university-industry-government relations：A laboratory for knowledge based economic development [J]. EASST Review，14（1）：14-19.
Fera M，Macchiaroch R. 2011. Appraisal of a new risk assessment model for SEM[J]. Safety Science，48（10）：1361-1368.
Friedman D. 1998. On economic applications of evolutionary game theory [J]. Journal of Evolutionary Economic，8（1）：15-43.
Fugas C S，Silva S A，Melia J L. 2012. Another look at safety climate and safety behavior：Deepening the cognitive and social mediator mechanisms[J]. Accident Analysis&Prevention，45（7）：468-477.
Gafen D，Straub D，Boudreau M C. 2011. Structural equation modeling and regression：guidelines for research practice[J]. Communications of the Association for Information System，4（7）：1-79.
Goncalves S M P，Silva S A，Lima M L，et al. 2008. The impact of work accidents experience on causal attributions and worker behavior[J]. Safety Science，46（6）：992-1001.

Han F X，Li H J. 2017. Food safety evolutionary game simulation model based on improved prospect theory[J]. Journal of Interdisciplinary Mathematics，20（6）：1349-1354.

Hayibor S，Agle B R，Sears G J，et al. 2011. Andrew ward developing a charismatic leadership：The mediating role of loyalty to supervisors[J]. Journal of Business Ethic，102（2）：237-254.

Hu P J，Shi J，Jiang W S. 2018. Evaluation system of college students' employability[J]. Quarterly Journal of Indian Pulp and Paper Technical Association，30（2）：215-219.

Huang L J，Yu J，Huang X W. 2012. Modeling agricultural logistics distribution center location based on ISM[J]. Journal of Software，（3）：638-643.

Iame M，Singh N. 1997. Foreign technology spillovers and R & D policy [J]. International Economic Review，（2）：405-435.

Kath L M，Magley V J，Marmet M. 2010. The role of organizational trust in safety climate's influence on organizational outcomes[J]. Accident Analysis &Prevention，42（5）：1488-1497.

Kelloway L，Mullen K，Francis L J，et al. 2012. Effects of transformation and passive leadership on employee safety[J]. Journal of Occupational Health Psychology，11（1）：76-86.

Kines P，Andersen D，Andersen L，et al. 2013. Improving safety in small enterprises through an integrated safety management intervention[J]. Safety Science，44（1）：87-95.

Larsson S，Pousette A，Törner M. 2008. Psychological climate and safety in the construction industry-mediated influence on safety behavior[J]. Safety Science，46（3）：105-412.

Leydesdorff L，Etzkowitz H. 1998. The triple helix as a model for innovation studies [J]. Science & Public Policy，25（3）：195-203.

Liu L Q，Neilson W S. 2006. Endogenous private safety investment and the willingness to pay for mortality risk reductions[J]. European Economic Review，50（8）：44-56.

Liu H Y，Guan H H，Zhao Z Y. 2013. Study on active safety training methods in coal industry[J]. Advanced Materials Research，（726-731）：921-925.

Liu Q L，Li X C，Hassall M. 2015. Evolutionary game analysis and stability control scenarios of coal mine safety inspection system in China based on system dynamics[J]. Safety Science，80：13-22.

Lu C S，Yang C S. 2010. Safety leadership and safety behavior in container terminal operations[J]. Safety science，48（2）：123-134.

Meams K，Whitaker S，Flin R. 2003. Safety climate，safety management practice and safety performance in offshore environments[J]. Safety Science，（41）：641-680.

Nowak M A，Sigmund K. 2004. Evolutionary dynamics of biological games[J]. Science，303（5659）：793-799.

Papadopoulos G，Georgiadou P，Papazoglou C，et al. 2010. Occupational and public health and safety in a changing work environment：An integrated approach for risk assessment and prevention[J]. Safety Science，48（8）：943-949.

Poduval P S，Pramod V R，Jagathy V P. 2015. Interpretive structural modeling（ISM）and its application in analyzing factors inhibiting implementation of total productive maintenance（TPM）[J]. Emerald Group Publishing Limited，32（3）：308-331.

Prakash S，Soni G，Rathore A P S，et al. 2017. Risk analysis and mitigation for perishable food supply chain：A case of dairy industry[J]. Benchmarking：An International Journal，24（1）：2-23.

Punia S，Nehra V，Luthra S. 2016. Identification and analysis of barriers in implementation of solar energy rural sector using integrated ISM and fuzzy MICMAC approach[J]. Renewable and Sustainable Energy Reviews，（62）：70-88.

Raut R D，Narkhede B，Gardas B. 2017. To identify the critical success factors of sustainable supply chain management practices in the context of oil and gas industries：ISM approach[J]. Renewable and Sustainable Energy Reviews，9（68）：33-47.

Reason J. 1990. Human Error[M]. Cambridge：Cambridge University Press：2-35.

Santos G，Barros S，Mendes F. 2013. The main benefits associated with health and safety management systems certification in Portuguese small and medium enterprises post quality management system certification[J]. Safety Science，51（1）：29-36.

Shen L. 2010. Study on supervision strategies for construction safety investment based on game theory[J]. China Safety Science Journal，20（7）：110-115.

Shi J，Liu Y Y. 2018. Correlation analysis and countermeasures of Beijing-Tianjin-Hebei pharmaceutical manufacturing industry based on synergy degree[J]. Quarterly Journal of Indian Pulp and Paper Technical Association，30（1）：226-232.

Shi J，Peng C X. 2018. Relationship between college students' psychopathy and suicide attempt under the frame of suicide interpersonal theory[J]. Quarterly Journal of Indian Pulp and Paper Technical Association，30（2）：220-228.

Shi J，Jiang W S，Zhang J M. 2018a. Influencing factors of college students' campus violence based on fuzzy-dematel[J]. Quarterly Journal of Indian Pulp and Paper Technical Association，30（1）：98-404.

Shi J，Zhang J M，Jiang W S. 2018b. Influence factors and mechanism of college students' crisis behavior-An exploratory study based on ground theory[J]. Quarterly Journal of Indian Pulp and Paper Technical Association，30（1）：374-383.

Smith J M，Price G R. 1973. The Logic of animal conflict[J]. Nature，246：15-18.

Southey G. 2011. The theories of reasoned action and planned behavior applied to business decision：A selective annotated biography[J]. Journal of New Business Ideas and Trends，9（1）：43-45.

Tau S. 2016. Analyzing the impact that lack of supervision has on safety culture and accident rates as a proactive approach to curbing the south African railway industry's high incident occurrence rate[J]. Advances in Social & Occupational Ergonomics，487：189-197.

Tian Y H，Govindan K，Zhu Q H. 2016. A system dynamics model based on evolutionary game theory for green supply chain management diffusion among Chinese manufacturers[J]. Journal of Cleaner Production，80：96-105.

Uen J F，Chien M S，Yen Y F. 2009. The mediating effects of psychological contract on the relationship between human resource systems and role behaviors：A multi-levelanalysis[J]. Journal of Business and Psychology，24（2）：215-233.

Vinodkumar M N，Bhasi M. 2010. Safety management practices and safety behaviour：Assessing the mediating role of safety knowledge and motivation[J]. Accident Analysis and Prevention，42（6）：2082-2093.

Wang J N，Chen T Q，Wang J Y. 2015. Research on cooperation strategy of enterprises' quality and safety in food supply Chain[J]. Discrete Dynamics in Nature & Society，（3）：1-15.

Williams J H，Geller E S. 2012. Behavior-based intervention for occupational safety：Critical impact of social comparsion feedback[J]. Journal of Safety Research，31（3）：135-142.

Wu T C，Chen C H，Li C C. 2008. A correlation among safety leadership，safety climate and safety performance[J]. Loss Prevent Proc，21（3）：307-318.

Xu X J，Shi J. 2017. Research on the factors affecting safety behavior based on interpretative structural modeling[J]. Cluster Computing，10：1-8.

Yang S. 2016. China's regional industrial transfer behavior based on evolutionary game theory[J]. Journal of Discrete Mathematical Sciences & Cryptography，19（3）：677-690.

Zeng X Q，Chen J G. 2015. Evolutionary game analysis and countermeasure study of construction enterprises safety supervision in China[J]. Proceedings of the 19th International Symposium on Advancement of Construction Management and Real Estate，（1）：771-786.

附　录

附录1　企业生产员工安全生产行为影响因素调查问卷

尊敬的受访者：

您好！非常感谢您在百忙之中对本次问卷调查的支持和配合！

本次问卷是基于专著《企业生产员工安全行为影响因素及监管研究》需要而进行的，旨在确定企业生产员工安全生产的影响因素，并在此基础上分析企业生产员工安全生产行为影响因素间的关系。

本问卷的填写对象为企业的领导者、管理者、普通员工、企业安全监管人员、政府监管人员，根据需要设置了18个问题，答题时间约为5分钟，您的答案对本次研究具有十分重要的作用，对分析企业安全事故发生的特点及进一步预防企业生产员工不安全生产行为的发生都具有重要的意义。烦请您在百忙之中认真填写本问卷，我们将不胜感激。

本问卷的所有问题将不涉及您的工作机密和个人隐私，只需根据您的工作经验和亲身体会认真作答即可。本人在此承诺，对您填写的一切内容将严格保密，并仅供学术研究使用，没有任何商业目的，在任何情况下都不可能根据某个答案辨别出回答人的身份。

请您尽量在收到问卷之后3日内将问卷填写完毕，再次对您的支持表示真诚的感谢！

答卷人和所在工作单位基本信息

1. 您的性别

□男　□女

2. 您的年龄阶段

□18～25 岁　□26～30 岁　□31～40 岁　□41～50 岁　□>50 岁

3. 您的受教育程度

□初中及以下　□高中　□大专　□本科　□硕士及以上

4. 您的工作年限（年龄区间左包含）

□2 年以下　□2～5 年　□5～10 年　□10～20 年　□20 年及以上

5. 您的婚姻状况

□未婚　□已婚　□其他

6. 您所在单位性质

□国有企业　□私营企业　□事业单位　□政府机构　□其他

7. 您的职务

□普通员工　□专业技术人员　□班组长　□管理人员　□其他

影响因素重要性打分

下表是通过文献研究和专家访谈得出的企业生产员工安全生产关键影响因素。请您根据自身经验，判断每个影响因素对企业生产员工安全生产的重要程度。如果您认为还存在其他重要影响因素，可以在下表末尾标注。请在相应空格内划“√”。

序号	企业生产员工安全生产行为影响因素	非常重要	重要	较重要	一般	不重要
1	政府监管力度 ——政府对企业安全生产的监管力度是否满足企业需要					
2	政府法律、法规建设 ——政府是否颁布了针对安全生产的法律法规					
3	安全投入 ——企业安全生产投入量是否符合国家标准及企业生产需要，包括基础设施建设、防护用具资金投入等					
4	领导重视程度 ——领导对企业安全生产是否有足够的重视					
5	安全文化氛围 ——企业是否建立了良好的安全文化氛围					

续表

序号	企业生产员工安全生产行为影响因素	非常重要	重要	较重要	一般	不重要
6	薪酬分配 ——企业薪酬分配制度是否合理					
7	安全培训 ——企业安全培训的次数、内容和深度是否满足需要					
8	管理方式 ——企业管理方式是否合理，包括主体责任是否落实、工作时间安排是否合理等					
9	员工安全素质 ——员工安全素质是否对安全生产有重要影响					
10	安全意识 ——企业员工安全意识是否满足安全生产的需要					
11	安全需求 ——员工在生产过程中是否存在对安全生产的需求					
12	工作压力 ——员工工作强度是否适中，是否存在压力过大现象					
13	生理因素 ——是否因为生理问题而忽视安全生产					
14	员工文化程度 ——员工文化水平是否胜任工作需求					
15	心理因素 ——员工心理状态是否适合所在工作岗位要求					
16	作业环境 ——员工工作环境是否满足安全生产的条件					
17	企业监管 ——企业监管力度是否满足企业安全生产需要					
18	奖惩机制 ——企业是否建立了合理的奖惩制度					
19						
20						
21						

再次由衷感谢您的支持与配合！

附录2　MATLAB仿真分析编码程序

1. 图4.12"执行安全行为成本c的变化对演化结果的影响"MATLAB程序代码

```
>>x=dsolve('Dx=x*(1-x)','x(0)=0.25','t')
x=
1/(exp(log(3)-t)+1)
>>h1=ezplot('1/(exp(log(3)-t)+1)',[0,25,0,1]);hold on;
>>set(h1,'LineWidth',1.3)
>>x=dsolve('Dx=0.5*x*(1-x)','x(0)=0.25','t')
x=
1/(exp(log(3)-t/2)+1)
>>h2=ezplot('1/(exp(log(3)-t/2)+1)',[0,25,0,1]);hold on;
>>set(h2,'LineWidth',1.3)
>>x=dsolve('Dx=0.1*x*(1-x)','x(0)=0.25','t')
x=
1/(exp(log(3)-t/10)+1)
>>h3=ezplot('1/(exp(log(3)-t/10)+1)',[0,25,0,1]);hold on;
>>set(h3,'LineWidth',1.3)
>>x=dsolve('Dx=-0.5*x*(1-x)','x(0)=0.25','t')
x=
1/(exp(t/2+log(3))+1)
>>h4=ezplot('1/(exp(t/2+log(3))+1)',[0,25,0,1]);hold on;
>>set(h4,'LineWidth',1.3)
>>x=dsolve('Dx=-1*x*(1-x)','x(0)=0.25','t')
x=
1/(exp(t+log(3))+1)
>>h5=ezplot('1/(exp(t+log(3))+1)',[0,25,0,1]);hold on;
>>set(h5,'LineWidth',1.3)
>>title('')
>>ylabel('x(0<x<1)')
>>hleg=legend('c=1','c=1.5','c=1.9','c=2.5','c=3',
'Location','Best')
hleg=
```

```
  Legend(c=1,c=1.5,c=1.9,c=2.5,c=3)(具有属性):
        String:{'c=1'  'c=1.5'  'c=1.9'  'c=2.5'  'c=3'}
      Location:'best'
   Orientation:'vertical'
      FontSize:9
      Position:[0.8078 0.4548 0.0837 0.1254]
         Units:'normalized'
  显示所有属性
>>set(hleg,'Fontsize',18)
```

2. 图 4.13“对企业生产员工缴纳罚款 A 的变化对演化结果的影响”MATLAB 程序代码

```
>>x=dsolve('Dx=0.375*x*(1-x)','x(0)=0.25','t')
x=
1/(exp(log(3)-(3*t)/8)+1)
>>h1=ezplot('1/(exp(log(3)-(3*t)/8)+1)',[0,50,0,1]);hold
on;
>>set(h1,'LineWidth',1.7)
>>x=dsolve('Dx=0.125*x*(1-x)','x(0)=0.25','t')
x=
1/(exp(log(3)-t/8)+1)
>>h2=ezplot('1/(exp(log(3)-t/8)+1)',[0,50,0,1]);hold on;
>>set(h2,'LineWidth',1.7)
>>x=dsolve('Dx=-0.25*x*(1-x)','x(0)=0.25','t')
x=
1/(exp(t/4+log(3))+1)
>>h3=ezplot('1/(exp(t/4+log(3))+1)',[0,50,0,1]);hold on;
>>set(h3,'LineWidth',1.7)
>>x=dsolve('Dx=-0.75*x*(1-x)','x(0)=0.25','t')
x=
1/(exp((3*t)/4+log(3))+1)
>>h4=ezplot('1/(exp((3*t)/4+log(3))+1)',[0,50,0,1]);hold
on;
>>set(h4,'LineWidth',1.7)
>>x=dsolve('Dx=-1*x*(1-x)','x(0)=0.25','t')
```

```
x=
1/(exp(t+log(3))+1)
>>h5=ezplot('1/(exp(t+log(3))+1)',[0,50,0,1]);hold on;
>>set(h5,'LineWidth',1.7)
>>title('')
>>ylabel('x(0<x<1)')
>>hleg=legend('A=9.5','A=8.5','A=7','A=5','A=4','Location',
'Best')
hleg=
  Legend(A=9.5,A=8.5,A=7,A=5,A=4)(具有属性):
        String:{'A=9.5'  'A=8.5'  'A=7'  'A=5'  'A=4'}
      Location:'best'
    Orientation:'vertical'
      FontSize:9
      Position:[0.7623 0.4151 0.1304 0.2048]
         Units:'normalized'
  显示所有属性
>>set(hleg,'Fontsize',16)
```

3. 图 4.14“监管成本费用 Y 的变化对演化结果的影响”MATLAB 程序代码

```
>>y=dsolve('Dy=1.6*y*(1-y)','y(0)=0.25','t')
y=
1/(exp(log(3)-(8*t)/5)+1)
>>h1=ezplot('1/(exp(log(3)-(8*t)/5)+1)',[0,25,0,1]);hold
on;
>>h1=ezplot('1/(exp(log(3)-(8*t)/5)+1)',[0,25,0,1]);hold
on;
>>set(h1,'LineWidth',1.7)
>>y=dsolve('Dy=0.6*y*(1-y)','y(0)=0.25','t')
y=
1/(exp(log(3)-(3*t)/5)+1)
>>h2=ezplot('1/(exp(log(3)-(3*t)/5)+1)',[0,25,0,1]);hold
on;
>>set(h2,'LineWidth',1.7)
>>y=dsolve('Dy=0.1*y*(1-y)','y(0)=0.25','t')
```

```
y=
1/(exp(log(3)-t/10)+1)
>>h3=ezplot('1/(exp(log(3)-t/10)+1)',[0,25,0,1]);hold
on;
>>set(h2,'Color','g','LineWidth',1.8)
>>set(h2,'LineWidth',1.7)
>>set(h3,'Color','r','LineWidth',1.8)
>>set(h2,'Color','m','LineWidth',1.8)
>>y=dsolve('Dy=-0.4*y*(1-y)','y(0)=0.25','t')
y=
1/(exp((2*t)/5+log(3))+1)
>>h4=ezplot('1/(exp((2*t)/5+log(3))+1)',[0,25,0,1]);hold
on;
>>set(h4,'LineWidth',1.8)
>>y=dsolve('Dy=-0.9*y*(1-y)','y(0)=0.25','t')
y=
1/(exp((9*t)/10+log(3))+1)
>>h5=ezplot('1/(exp((9*t)/10+log(3))+1)',[0,25,0,1]);
hold on;
>>set(h5,'LineWidth',1.8)
>>title('')
>>ylabel('y(0<y<1)')
>>hleg=legend('Y=2','Y=3','Y=3.5','Y=4','Y=4.5','Location',
'Best')
hleg=
  Legend(Y=2,Y=3,Y=3.5,Y=4,Y=4.5)(具有属性):
        String:{'Y=2'  'Y=3'  'Y=3.5'  'Y=4'  'Y=4.5'}
      Location:'best'
    Orientation:'vertical'
      FontSize:9
      Position:[0.7744 0.3420 0.1063 0.1473]
        Units:'normalized'
  显示所有属性
>>set(hleg,'Fontsize',16)
```

4. 图 4.15 “企业安全监管人员接受处罚的罚款 D 的变化对演化结果的影响” MATLAB 程序代码

```
>>y=dsolve('Dy=0.4*y*(1-y)','y(0)=0.25','t')
y=
1/(exp(log(3)-(2*t)/5)+1)
>>h1=ezplot('1/(exp(log(3)-(2*t)/5)+1)',[0,25,0,1]);hold on;
>>set(h1,'LineWidth',1.7)
>>y=dsolve('Dy=0.25*y*(1-y)','y(0)=0.25','t')
y=
1/(exp(log(3)-t/4)+1)
>>h2=ezplot('1/(exp(log(3)-t/4)+1)',[0,25,0,1]);hold on;
>>set(h2,'LineWidth',1.7)
>>y=dsolve('Dy=-0.05*y*(1-y)','y(0)=0.25','t')
y=
1/(exp(t/20+log(3))+1)
>>h3=ezplot('1/(exp(t/20+log(3))+1)',[0,25,0,1]);hold on;
>>set(h3,'LineWidth',1.7)
>>y=dsolve('Dy=-0.2*y*(1-y)','y(0)=0.25','t')
y=
1/(exp(t/5+log(3))+1)
>>h4=ezplot('1/(exp(t/5+log(3))+1)',[0,25,0,1]);hold on;
>>set(h4,'LineWidth',1.7)
>>y=dsolve('Dy=-0.35*y*(1-y)','y(0)=0.25','t')
y=
1/(exp((7*t)/20+log(3))+1)
>>h5=ezplot('1/(exp((7*t)/20+log(3))+1)',[0,25,0,1]);hold on;
>>set(h5,'LineWidth',1.7)
>>title('')
>>ylabel('y(0<y<1)')
>>hleg=legend('D=10','D=9','D=7','D=6','D=5','Location','Best')
hleg=
```

```
  Legend(D=10,D=9,D=7,D=6,D=5)(具有属性):
        String:{'D=10'  'D=9'  'D=7'  'D=6'  'D=5'}
      Location:'best'
    Orientation:'vertical'
      FontSize:9
      Position:[0.7641 0.4151 0.1268 0.2048]
        Units:'normalized'
  显示所有属性
>>set(hleg,'Fontsize',16)
```

5. 图 4.16 "$y=0.7$ 时企业生产员工策略随时间变动的动态演化过程" MATLAB 程序代码

```
>>x=dsolve('Dx=0.8*x*(1-x)','x(0)=0.05','t')
x=
1/(exp(log(19)-(4*t)/5)+1)
>>h1=ezplot('1/(exp(log(19)-(4*t)/5)+1)',[0,25,0,1]);hold on;
>>set(h1,'LineWidth',1.3)
>>x=dsolve('Dx=0.8*x*(1-x)','x(0)=0.1','t')
x=
1/(exp(log(9)-(4*t)/5)+1)
>>h2=ezplot('1/(exp(log(9)-(4*t)/5)+1)',[0,25,0,1]);hold on;
>>set(h2,'LineWidth',1.3)
>>x=dsolve('Dx=0.8*x*(1-x)','x(0)=0.2','t')
x=
1/(exp(log(4)-(4*t)/5)+1)
>>h3=ezplot('1/(exp(log(4)-(4*t)/5)+1)',[0,25,0,1]);hold on;
>>set(h3,'LineWidth',1.3)
>>x=dsolve('Dx=0.8*x*(1-x)','x(0)=0.3','t')
x=
1/(exp(log(7/3)-(4*t)/5)+1)
>>h4=ezplot('1/(exp(log(7/3)-(4*t)/5)+1)',[0,25,0,1]);hold on;
```

```
>>set(h4,'LineWidth',1.3)
>>x=dsolve('Dx=0.8*x*(1-x)','x(0)=0.4','t')
x=
1/(exp(log(3/2)-(4*t)/5)+1)
>>h5=ezplot('1/(exp(log(3/2)-(4*t)/5)+1)',[0,25,0,1]);
hold on;
>>set(h5,'LineWidth',1.3)
>>x=dsolve('Dx=0.8*x*(1-x)','x(0)=0.5','t')
x=
1/(exp(-(4*t)/5)+1)
>>h6=ezplot('1/(exp(-(4*t)/5)+1)',[0,25,0,1]);hold on;
>>set(h6,'LineWidth',1.3)
>>x=dsolve('Dx=0.8*x*(1-x)','x(0)=0.6','t')
x=
1/(exp(log(2/3)-(4*t)/5)+1)
>>h7=ezplot('1/(exp(log(2/3)-(4*t)/5)+1)',[0,25,0,1]);
hold on;
>>set(h7,'LineWidth',1.3)
>>x=dsolve('Dx=0.8*x*(1-x)','x(0)=0.7','t')
x=
1/(exp(log(3/7)-(4*t)/5)+1)
>>h8=ezplot('1/(exp(log(3/7)-(4*t)/5)+1)',[0,25,0,1]);
hold on;
>>set(h8,'LineWidth',1.3)
>>x=dsolve('Dx=0.8*x*(1-x)','x(0)=0.8','t')
x=
1/(exp(-(4*t)/5-log(4))+1)
>>h9=ezplot('1/(exp(-(4*t)/5-log(4))+1)',[0,25,0,1]);
hold on;
>>set(h9,'LineWidth',1.3)
>>x=dsolve('Dx=0.8*x*(1-x)','x(0)=0.9','t')
x=
1/(exp(-(4*t)/5-log(9))+1)
>>h10=ezplot('1/(exp(-(4*t)/5-log(9))+1)',[0,25,0,1]);
hold on;
```

```
>>set(h10,'LineWidth',1.3)
>>x=dsolve('Dx=0.8*x*(1-x)','x(0)=0.95','t')
x=
1/(exp(-(4*t)/5-log(19))+1)
>>h11=ezplot('1/(exp(-(4*t)/5-log(19))+1)',[0,25,0,1]);
hold on;
>>set(h11,'LineWidth',1.3)
>>title(['dx/dt=0.8*x*(1-x),','0<t<25'])
>>ylabel('x(0<x<1)')
```

6. 图 4.17“$y=0.3$ 时企业生产员工策略随时间变动的动态演化过程”MATLAB 程序代码

```
>>x=dsolve('Dx=0.8*x*(x-1)','x(0)=0.05','t')
x=
1/(exp((4*t)/5+log(19))+1)
>>h1=ezplot('1/(exp((4*t)/5+log(19))+1)',[0,25,0,1]);
hold on;
>>h1=ezplot('1/(exp((4*t)/5+log(19))+1)',[0,25,0,1]);
hold on;
>>set(h1,'LineWidth',1.3)
>>x=dsolve('Dx=0.8*x*(x-1)','x(0)=0.1','t')
x=
1/(exp((4*t)/5+log(9))+1)
>>h2=ezplot('1/(exp((4*t)/5+log(9))+1)',[0,25,0,1]);hold
on;
>>set(h2,'LineWidth',1.3)
>>x=dsolve('Dx=0.8*x*(x-1)','x(0)=0.2','t')
x=
1/(exp((4*t)/5+log(4))+1)
>>h3=ezplot('1/(exp((4*t)/5+log(4))+1)',[0,25,0,1]);hold
on;
>>set(h3,'LineWidth',1.3)
>>x=dsolve('Dx=0.8*x*(x-1)','x(0)=0.3','t')
x=
1/(exp((4*t)/5+log(7/3))+1)
```

```
>>h4=ezplot('1/(exp((4*t)/5+log(7/3))+1)',[0,25,0,1]);
hold on;
>>set(h4,'LineWidth',1.3)
>>x=dsolve('Dx=0.8*x*(x-1)','x(0)=0.4','t')
x=
1/(exp((4*t)/5+log(3/2))+1)
>>h5=ezplot('1/(exp((4*t)/5+log(3/2))+1)',[0,25,0,1]);
hold on;
>>set(h5,'LineWidth',1.3)
>>x=dsolve('Dx=0.8*x*(x-1)','x(0)=0.5','t')
x=
1/(exp((4*t)/5)+1)
>>h6=ezplot('1/(exp((4*t)/5)+1)',[0,25,0,1]);hold on;
>>set(h6,'LineWidth',1.3)
>>x=dsolve('Dx=0.8*x*(x-1)','x(0)=0.6','t')
x=
1/(exp((4*t)/5+log(2/3))+1)
>>h7=ezplot('1/(exp((4*t)/5+log(2/3))+1)',[0,25,0,1]);
hold on;
>>set(h7,'LineWidth',1.3)
>>x=dsolve('Dx=0.8*x*(x-1)','x(0)=0.7','t')
x=
1/(exp((4*t)/5+log(3/7))+1)
>>h8=ezplot('1/(exp((4*t)/5+log(3/7))+1)',[0,25,0,1]);
hold on;
>>set(h8,'LineWidth',1.3)
>>x=dsolve('Dx=0.8*x*(x-1)','x(0)=0.8','t')
x=
1/(exp((4*t)/5-log(4))+1)
>>h9=ezplot('1/(exp((4*t)/5-log(4))+1)',[0,25,0,1]);hold
on;
>>set(h9,'LineWidth',1.3)
>>x=dsolve('Dx=0.8*x*(x-1)','x(0)=0.9','t')
x=
1/(exp((4*t)/5-log(9))+1)
```

```
>>h10=ezplot('1/(exp((4*t)/5-log(9))+1)',[0,25,0,1]);
hold on;
>>set(h10,'LineWidth',1.3)
>>x=dsolve('Dx=0.8*x*(x-1)','x(0)=0.95','t')
x=
1/(exp((4*t)/5-log(19))+1)
>>h11=ezplot('1/(exp((4*t)/5-log(19))+1)',[0,25,0,1]);
hold on;
>>set(h11,'LineWidth',1.3)
>>title(['dx/dt=0.8*x*(x-1),','0<t<25'])
>>ylabel('x(0<x<1)')
```

后　记

本书运用解释结构模型方法对企业生产员工安全行为的影响因素进行了研究，主要针对根源性影响因素进行了分析，并对企业内部企业安全监管人员对企业生产员工不安全行为监管的博弈关系进行了深入的研究，总结了相应的管理对策和建议，形成较为全面的研究体系。由于企业的安全生产管理所涉及的主体和影响因素比较多而复杂，且受到研究时间和篇幅的限制，研究仍存在不足之处，后续值得探讨研究和深入分析的地方可以从以下五方面进行。

1）本书仅对影响安全行为的根源性影响因素进行了实证分析，而没有考虑影响安全行为形成路径上的关键性影响因素和直接性影响因素，因此可以对影响安全行为的关键性影响因素和直接性影响因素开展后续研究，并进一步对影响程度较高的影响因素提出相应的对策建议。

2）本书运用解释结构模型将影响安全行为的影响因素划分为关键性影响因素、直接性影响因素和根源性影响因素，而不安全行为的产生路径是一个从根源性影响因素到关键性影响因素、再到直接性影响因素的过程，因此可以针对不安全行为产生的每一条路径进行单独分析，并给出相应路径下不安全行为的阻断策略。

3）在研究对象上，本书从安全行为监管所涉及的企业内企业安全监管人员与企业生产员工之间的博弈关系层面进行了深入的研究，安全生产管理也会涉及政府安全监管部门与企业之间的博弈关系，后续可以构建政府与企业之间的演化博弈模型，并从政府和企业两个角度提出利于企业安全生产管理的对策建议。

4）在影响演化博弈模型演化稳定状态的因素分析和参数设置上，由于企业不安全行为监管所涉及的影响因素众多，根据诸多关键性影响因素设置参数来建立模型，难免有遗漏之处，以后可以据此进一步补充分析研究。

5）本书分析了企业生产员工产生不安全行为的影响因素及其之间的结构关系，并研究了企业安全监管人员与企业生产员工之间的行为演化博弈模型，但行为具有传播复制性，企业生产员工与企业生产员工之间通过哪些路径进行不安全行为传播与加强，哪些影响因素加强了不安全行为传播等，仍需要新的视角、研究方法进行深入研究。

本书由石娟主持撰写并统稿修订。各章编写分工如下，第一章由常丁懿编写；第二章由彭晨旭、袁令伟编写；第三章由郑鹏编写；第四章由徐凌峰编写；第五章由姜伟爽编写。本书在编写过程中参考了许多中外专家学者的著作和科研成果，在此，谨对原作者和研究者表示最诚挚的谢意！